日本料理職人
刀工技術教本

瑞昇文化

目次

各種魚類的片魚法

生魚片的切法

關於「刀工技術檢定」

製作料理時，菜刀是絕對不能欠缺的工具。菜刀並不是僅只於單純地切材料，我們甚至可以說，是否能煮出美味的料理，取決於菜刀的技術。因此，如果不具備菜刀的技術，即使是專業的廚師，也無法製作出客人肯付費享用的料理。

在日本料理的世界裡，更是特別重視菜刀的技術，從中衍生出許多不同的技巧。即使只是處理魚肉，為了完全不浪費材料，達到更好的口感，因而想出不同的片魚方法。為了讓料理更美味，則會花心思改變切法，或是深切幾道刀口，讓味道容易滲入食物之中。想讓料理看起來更豐富，流利的刀工就非常的重要了。其他還有裝飾切法、呈現季節感、添增料理的風趣、提高料理性等等不同的菜刀技術。

日本料理在漫長的歷史中，孕育出完美的菜刀技巧，將來我們也必須傳承這門技術。然而，最近人們重視便利性與工作效率，切片或已經調理完畢的食品非常周延，甚至連專業的日本料理師傅，都忽略菜刀的技術，逐漸顯現不懂菜刀基本用法的傾向。

因此，本會本著以製作美味的日本料理為基礎的想法，使各位徹底理解菜刀，學習正確的使用方法、切法等菜刀

技術，製作了這本檢定參考書。目前全國天地之會已經舉辦「魚師傅技能檢定」，包含「竹筴魚檢定」、「海鰻檢定」、「星鰻檢定」，除了魚類之外，本書也將蔬菜列入檢定的對象，擴展菜刀技術的範疇。

在本書的構成方面，以初學者到專業師傅都能學得會、看得懂的技術為主。儘可能地減少魚類與蔬菜的種類，方便讀者不斷地練習，學會應用各種材料。本著此一出發點，我們從菜刀的基礎知識開始，以一連串的照片，淺顯易懂地解說片魚的方法、生魚片的切法、蔬菜的切法、裝飾切法的技術。

本書並附贈「刀工技術的基本動作DVD」，使讀者得以透過影像完全學習基本動作。最後設計檢定考的問題，使讀者完全學會菜刀的技術。

請務必活用本檢定參考書，學習製作美味日本料理的菜刀技術吧！

日本料理・全國天地之會會長　大田忠道

■ 本書的使用方法

菜刀的用法，因使用者與流派而有些許差異。此外，以鰻魚和星鰻來說，關西（腹開法）和關東（背開法）就有不同的切法，菜刀的形狀也有所不同。本檢定參考書，以日本料理・全國天地之會的菜刀用法為基礎，採用效率良好，外形美觀的菜刀技術。

請先觀賞DVD，學會基本動作，接下來，反覆具體地研讀本書，學會菜刀的技術。接下來，再進行檢定問題，自我檢查。

菜刀的基礎知識

菜刀的種類與使用方法

日式菜刀可以分為出刃切刀、生魚片切刀、薄刃切刀、特殊切刀等等不同的種類，它們都是基本的單刃刀。單刃刀切入素材的角度呈銳角，刀口比較銳利，可以完成美味的料理。

出刃切刀

◆◆◆出刃切刀的特徵與用途

出刃切刀用於去除魚鱗、斬斷魚頭、處理內臟、片魚等等，是一把可以全方位進行魚類預先處理的菜刀。此外，它也可以用來切碎甲殼，切雞肉、斬骨等等。

從刀顎到刀尖，呈現「弧度」，可說是出刃切刀的特徵之一。與薄刃切刀和生魚片切刀相比之下，出刃切刀的外觀比較容易看出「弧度」，刀刃呈鼓起狀。片魚的時候，請配合「弧度」操作菜刀，將魚肉切下來。

它的另一個特徵就是刀刃具有厚度。由於刀刃比較厚，所以菜刀也比較沈重，可以利用它的重量來剁骨頭。儘管使用的時候比較粗魯，它的刀刃也不像其他的菜刀容易缺損。

再加上它的刀尖相當尖銳，在清除魚鰓或內臟的時候，可以將刀尖插入魚體之中，或是壓住魚肉等等細部作業。

出刃切刀的種類有「本出刃」「相出刃」「片魚出刃」「剁魚生出刃」「竹葉切刀」等。

◆◆◆出刃切刀的種類

出刃切刀依據刀刃形狀和刀身長度，分為各種不同的種類。一般來說，出刃切刀指的就是「本出刃」，然而本出刃依刀身的長度就可以分為150~210mm的中出刃、120~150mm的小出刃，還有超過300mm的大出刃。市面上賣得最好的是中出刃，它的大小用起來也很方便。

除了左邊介紹的菜刀之外，還有刀刃底部類似船底的「舟行」；「鮭切」適用於肉質較軟的大型魚類；小魚則用刀身不到120mm的「竹筴魚切刀」等等。

進行魚類的預先處理時，不浪費材料、提高完成度也是相當重要的工作，請認真地學習吧。

出刃切刀的種類

●本出刃●

最基本的出刃切刀。依刀身的長度又可以分為小出刃、中出刃、大出刃。小出刃小型、輕巧，適合處理小魚。

●相出刃●

刀刃的幅度比本出刃稍微窄一點。除了用於水洗魚類或片魚之際，也可以用來切河豚的皮。

●片魚出刃●

刀刃的幅度比相出刃窄，刀刃也比較薄，刀刃整體的弧度比較平緩的出刃切刀。正如它的名稱，適合用於片魚肉的作業。

●剁魚生出刃●

大型、刀刃厚重，是一款比較重的菜刀。用於斬斷骨頭等硬物，或是壓切法等等工作，刀刃不易缺損。

●竹葉切刀●

這一款菜刀用來切隔開壽司或裝飾用的葉蘭或竹葉。刀幅比小出刃還窄，刀刃也比較薄。重量比較輕，適合精細的雕工。

生魚片切刀

生魚片切刀的特徵與用途

生魚片切刀正如其名，是專門用來切生魚片的菜刀。生魚片可以從刀工之中，展現魚的新鮮度或美味，因此更是一道講究刀鋒銳利的料理。

有一些店家甚至會在顧客面前下刀。正因為這個緣故，選擇生魚片切刀時，也要考慮菜刀的水準，放在顧客面前也不至於失了面子。此外，沒有保養的菜刀，無法切出稜角分明的生魚片。做好菜刀的保養工作，也相當重要。

為了讓生魚片看起來更美味，呈現平滑的美麗切口，生魚片切刀具有與其他菜刀不同的特徵。首先，為了迅速地切下生魚片，它的刀身非常長，刀刃的幅度比較窄。刀身呈細長狀，刀刃的厚度既輕薄又銳利。

因為這些特徵，所以生魚片切刀可以製作平滑、美麗，稜角分明的生魚片，即使是肉質比較柔軟的魚類，下刀時也不會造成魚肉的損傷。

生魚片切刀的刀身長度，包括長約180mm的小型菜刀，到長約390mm的大型菜刀，分為各種不同的尺寸。一般最常用的是長度270~330mm的尺寸。

依各店的廚房、砧板大小不同，生魚片切刀用起來也會有所不同，所以在選購時，也要考慮這些條件。

生魚片切刀的種類

生魚片切刀大致可以分為「柳刃」、「章魚切刀」、「河豚切刀」等三種。同樣擁有刀身較長，幅度窄、刀刃輕薄等特徵，在刀刃形狀、幅度、厚度方面，則有少許差異。

◆柳刃

柳刃原本是關西地方使用的生魚片切刀，現在已經擴展到日本全國，據說是最多人使用的生魚片切刀。

它的刀尖銳利尖細，刀刃幅度較窄。特徵在於從刀顎到刀尖，呈現柳葉般平緩的曲線。由於外形類似柳葉，所以稱為「柳刃」。

柳刃適合用於肉身緊緻的白肉魚拉刀切法或細條切法。此外，它的刀尖比較銳利，也適合用來切刀口等等精細的切法。它的運用範圍廣闊，也是受到歡迎的原因之一。

◆章魚切刀

「章魚切刀」和「柳刃」最大的差異，在於刀尖的形狀，章魚切刀的刀尖呈方形。刀刃不是曲線狀，而是從刀顎到刀尖呈一直線，適合切較長的物體。

因此，章魚切刀適合用來將鮪魚等長度或寬度較長的魚類切成長條狀。此外，它的刀刃比柳刃略薄一點，也適用於肉身柔軟的紅肉魚拉刀切法。

主要用於關東地區，最近柳刃的需求越來越高。

◆河豚切刀

它的特徵和柳刃相同，刀尖銳利，刀刃呈平緩的曲線狀。刀刃的幅度比柳刃與章魚切刀還窄，刀刃也很薄。

因此，河豚切刀適用於河豚、鯒魚或鰈魚等等肉身較薄的白身魚薄切法。尤其是河豚料理店，需求相當高。

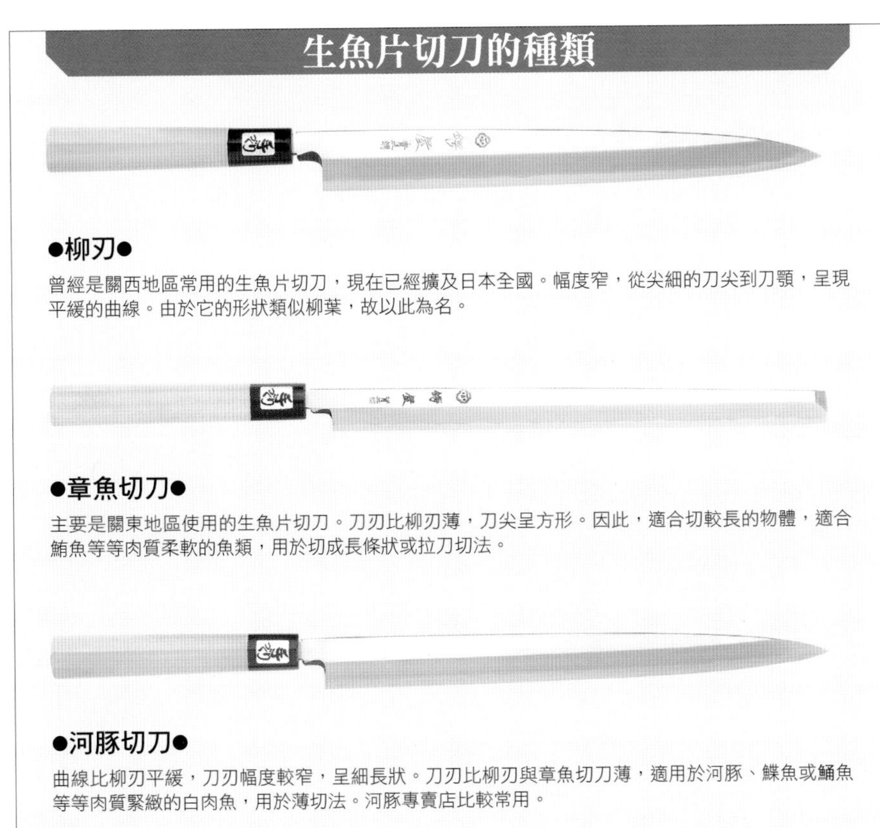

生魚片切刀的種類

●柳刃●

曾經是關西地區常用的生魚片切刀，現在已經擴及日本全國。幅度窄，從尖細的刀尖到刀顎，呈現平緩的曲線。由於它的形狀類似柳葉，故以此為名。

●章魚切刀●

主要是關東地區使用的生魚片切刀。刀刃比柳刃薄，刀尖呈方形。因此，適合切較長的物體，適合鮪魚等等肉質柔軟的魚類，用於切成長條狀或拉刀切法。

●河豚切刀●

曲線比柳刃平緩，刀刃幅度較窄，呈細長狀。刀刃比柳刃與章魚切刀薄，適用於河豚、鰈魚或鯒魚等等肉質緊緻的白肉魚，用於薄切法。河豚專賣店比較常用。

薄刃切刀

薄刃切刀的特徵與用途

薄刃切刀可以剝、切、削。尤其是剝切、削尖等蔬菜處理時，更是不可或缺的菜刀。一個專業的料理師傅，第一次拿的也是薄刃切刀。

從處理蔬菜的工作中，學會如何使用菜刀、操作刀刃、手的放法等等菜刀的基礎。等到習慣薄刃切刀，用起來得心應手之後，才能使用其他菜刀。因此，選擇適合自己手掌大小，使用方便的菜刀，就是一件重要的工作。

薄刃切刀最大的特徵，正如同「薄刃」之名，它的刀刃比較薄。因為刀刃較薄，所以在切菜的時候，不會傷害蔬菜的纖維，可以切得非常薄，或是削薄片，剝薄皮等等，適合這些精細的作業。

它的另一個特徵，在於刀刃從刀顎到刀尖幾乎呈一直線。因於刀刃呈直線，所以刀刃均等地施壓於砧板上，可以有節奏地切蔬菜。

還有一點是薄刃切刀的刀刃幅度比較寬。因為幅度較寬，所以可以削下大範圍的皮。像白蘿蔔的桂剝切法這種精細的工作，也是運用了薄刃切刀的特性。

薄刃切刀的種類

在關東與關西地方，薄刃切刀的刀刃形狀不一樣，在關東地方，刀背的尖端呈四方形，稱為「東形」，在關西地方，主流則是刀背的尖端呈圓形的「鎌形」。東形的刀尖比較圓，鎌形則比較尖。

除了鎌形、東形之外，還有刀尖呈「角形」、「菱形」的薄刃切刀。這些薄刃切刀適合用於某些細緻的雕工。

角形的外形類似東形，刀尖呈直角、銳利。因此，又稱為「先角」，和東形一樣，都是關東地方比較常用的菜刀。菱形的刀尖銳利、尖細，容易處理細部，需求比較少。

薄刃切刀的刀身長度，都是從150~300mm左右，一般來說，180mm、210mm的菜刀比較容易操作。

即使刀身的長度相同，刀刃的厚度也會影響拿取時的重量與平衡。選購時，請實際握握看，確定它的感覺，選擇適合自己的菜刀。

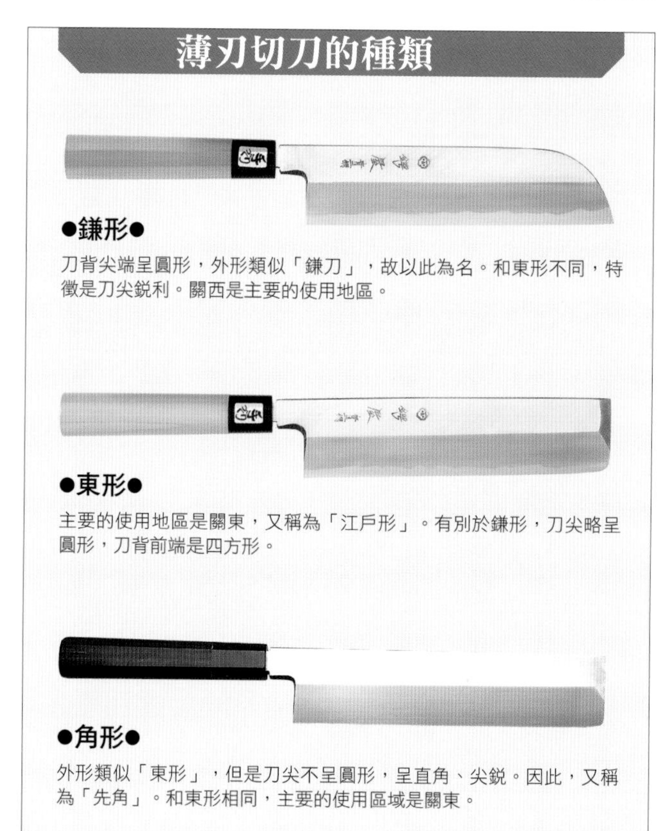

●鎌形●

刀背尖端呈圓形，外形類似「鎌刀」，故以此為名。和東形不同，特徵是刀尖銳利。關西是主要的使用地區。

●東形●

主要的使用地區是關東，又稱為「江戶形」。有別於鎌形，刀尖略呈圓形，刀背前端是四方形。

●角形●

外形類似「東形」，但是刀尖不呈圓形，呈直角、尖銳。因此，又稱為「先角」。和東形相同，主要的使用區域是關東。

特殊的蔬菜菜刀

蔬菜的工作範圍相當大，有一些菜刀可以讓這些工作更順手。

◆剝切用切刀

用於剝切蔬菜，增添色彩或季節感，比薄刃切刀小一點，刀刃也比較薄，刀尖銳利。方便切刀口、剜除內容物等作業，由於刀子比較小，所以用起來較為順手，適用於精細的雕花工作。

◆剝栗切刀

這也是一種剝切用菜刀，用於剝栗子等外皮堅硬的物品。特徵是形體較小，和刀刃相較之下，刀柄部分較長，刀背沒有稜角，指尖的力量調整容易反映於刀刃上。

◆面取切刀

主要是削薄蔬菜邊角專用的菜刀。除了單刃刀之外，也有雙刃刀。和剝栗切刀一樣，和刀刃相較之下，刀柄部分較長，方便精細的作業。也有雙刃刀。

◆切菜切刀

一般家庭也會使用的蔬菜用菜刀。有別於其他的菜刀，它是雙刃刀，特徵是刀刃薄，刀鋒扁平。適合切成直線的作業。

特殊切刀

特殊切刀是為了更有效率地進行工作，依用途開發的專用菜刀，包括海鰻骨切刀、鰻魚切刀、壽司切刀等等。它們的形狀大多比較特殊，操作方法也比較困難，但是只要能夠順利地使用這些刀具，工作的效率將會大為提昇。

◆海鰻骨切刀◆

海鰻的肉質堅硬，又有非常細的小骨。想要從片好的魚肉中刮下小骨，或是用拔刺夾拔除，都是一件困難的工作。因此用菜刀將肉身與小骨一併切斷，採用方便食用的「切骨」手法。

「切骨」用的菜刀即為「海鰻骨切刀」，又稱為骨切刀，或海鰻切刀。

進行海鰻切骨時，請保留一片魚皮，用一定的距離，切出淺、細的刀口。為了方便切斷堅硬的小骨，刀刃與刀峰必須有某種程度的厚度，利用它的重量將骨頭切斷。

再加上刀刃從刀顎到刀尖幾乎呈一直線，刀尖上方處稍微有一點弧度。如此一來，每次下刀後，菜刀不容易離開魚肉，可以有節奏地切骨。

◆鰻魚切刀◆

鰻魚的骨頭相當硬，身上有黏液，因此刀刃容易滑開。所以各個地區都會在形狀上費一番工夫，加速切魚的作業。現在所用的也是個性十足的鰻魚切刀。

關東地區使用的鰻魚切刀，以「江戶裂」為主流，用於鰻魚的背開法。它又稱為三角刃，刀尖部分與原本的刀刃分開，尖端呈突出的形狀。是單刃的二段刀刃。用有角度的刀刃，沿著中骨的上方，從背部片開。刀柄的尾端刀背處，有一個斜斜的切角，方便握刀時，將刀子握在掌心。

關西地區比較常採用鰻魚的腹開法，因此，常用「大阪裂」與「京裂」。

「大阪裂」沒有刀柄，宛如一把斜角的小刀，露出刀尖的部分。刀刃和「江戶裂」一樣，都是單刃的二段刀刃。從刀尖到握把部分全都是鋼材，使用時，握住鋼材部分。

「京裂」的外形類似柴刀，是一款形狀特殊的鰻魚切刀，它的刀身與刀柄都很短，正面的刀背部分特別厚。用手深握這個部分，利用它的重量操作菜刀。刀刃為一段刀刃。

「名古屋裂」主要是名古屋地區使用的鰻魚切刀，它的刀柄比較長，刀刃有一點沒入刀柄之中，外形也相當特殊。菜刀的幅度比較窄，刀刃為單刃的一段刀刃。

◆壽司切刀、蕎麥麵切刀◆

「壽司切刀」是用來切壓壽司或捲壽司的菜刀，為了使壽司的切口更美觀，使用雙刃的薄刀刃。主要是關西地區常用的特殊切刀，刀刃的整體帶點圓形，方便使用手腕壓切的動作。

「蕎麥麵切刀」是切蕎麥麵或烏龍麵的麵糰時使用的菜刀，形狀接近長方形，重量十足。刀身也相當長，特徵是刀刃延伸至刀柄下方。摺疊擀好的麵糰，放在砧板上，將刀刃對準砧板後，利用菜刀的重量切麵糰。

特殊切刀的種類

●海鰻骨切刀●

切海鰻小骨專用的菜刀。它是單刃的菜刀，刀刃與刀背較厚，有重量。利用它的重量，斷切堅硬的小骨。刀刃幾乎呈一直線，刀尖略微突出。

●（江戶裂）鰻魚切刀●

關東地方常用的鰻魚切刀。尖端突出，刀尖與刀刃的部分分開。刀刃是單刃的二段刀刃。小型的江戶裂可以用來處理泥鰍。

●（大阪裂）鰻魚切刀●

看起來像斜角的小刀，刀尖部分外露。沒有刀柄，全都是由鋼材製成的鰻魚切刀，刀刃為單刃的二段刀刃。是關西地方常用的刀具。

●壽司切刀●

這款菜刀可以在柔軟的壽司上留下美觀的切口，是雙刃刀，刀刃非常薄。刀刃整體呈圓形，方便將刀刃朝自己的方向拉，或是向前方壓切的作業。

菜刀的拿法、操作方式

為了靈活地使用菜刀，必須先學會適合各種菜刀的正確拿法或操作方式、姿勢等等。如果憑自己的感覺，容易學到錯誤的習慣，希望各位學會基本的動作。

菜刀的基本拿法

菜刀的拿法主要有三種，最好先考慮菜刀的種類、處理的材料與切法，再選擇最方便工作的拿法。

第一種是將食指筆直地放在菜刀的刀背上，用大拇指壓住內側刀腹的拿法。刀柄用無名指與小指握住，中指放在菜刀的刀顎部分。用食指靠住刀背，大拇指支撐後，刀刃比較安定，可以控制微妙的力道。

這種拿法適合不需要太用力的作業，如用出刃切刀片魚，或是用生魚片切刀切生魚片等等，常用於以微妙的力道操作菜刀的工作。

接下來是用食指與大拇指夾住菜刀的刀腹部分，用其他手指握住刀柄的拿法。因為用食指和大拇指固定菜刀，所以用力切的時候，刀刃也不會抖動，是可以安定切東西的拿法。

用這種拿法比較容易切堅硬的物品，用於以出刃切刀刮除魚鱗，或是使用薄刃切刀的時候。

最後是用五根手指完全握住刀柄的拿法。用大拇指以外的手指包覆刀柄，大拇指壓住套口部分。由於手腕可以自由移動，適合用薄刃切刀，保持固定節奏切蔬菜時，或是用出刃切刀斬骨頭的時候。

出刃切刀的拿法、操作方式

出刃切刀的工作和魚類的事先處理有關。提到出刃切刀，總會給人一種斬斷堅硬物體的形象，但是除了壓切骨頭之外，使用出刃切刀並不需要使用過多的力量。

出刃切刀的拿法依所進行的作業而異。片魚的時候，採用食指靠住刀背的拿法，自由地控制菜刀的動作。這時，如果將握菜刀的手放在砧板上，則不方便操作菜刀。片魚的時候，將魚放在砧板前方，手則放在砧板外。

下刀時，請充分意識出刃切刀刀

日式菜刀各部位的名稱

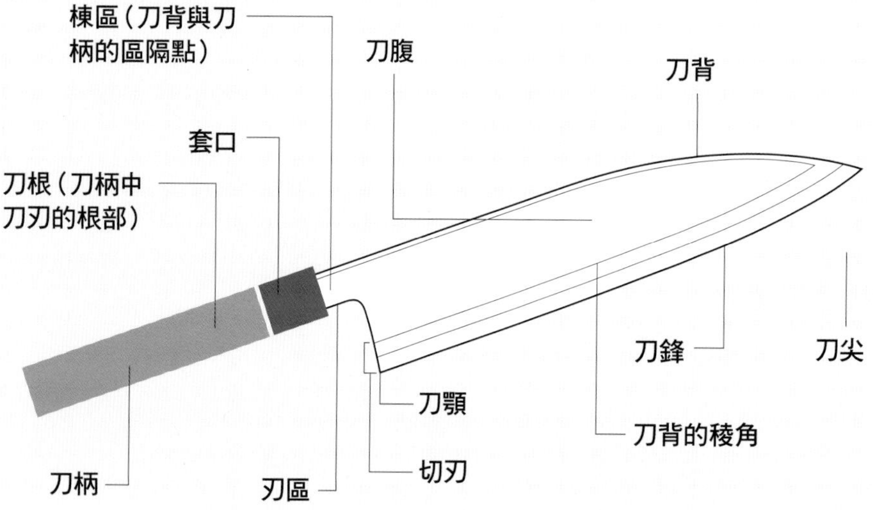

棟區（刀背與刀柄的區隔點）
刀腹
刀背
套口
刀根（刀柄中刀刃的根部）
刀鋒
刀尖
刀顎
刀背的稜角
切刃
刀柄
刃區

日式菜刀分為正面與背面，刀刃朝下持刀時，右邊是正面，左邊是背面。上圖是正面，標示了各部分的名稱。從刀顎到刀尖的長度就是菜刀的刀身。隨著素材與用途的不同，將使用菜刀不同的部分，最好可以把名稱記起來。

刃的弧度，感受刀刃接觸到的骨頭與魚肉，將魚肉切下來。當然，不同種類、大小的魚，觸感也有所不同，只能倚靠經驗的累積。

用出刃切刀刮除魚鱗時，多少需要施力，因此，用食指與大拇指夾住菜刀刀腹的拿法，可以安定地握住菜刀。

然而，如果用力過猛的話，會將魚肉切碎，所以不要過度用力也是關鍵。將菜刀立起來，以刀鋒沿著魚尾往魚頭方向移動，刮除魚鱗。有一些魚身上有細小的硬鱗，請用刀鋒仔細刮除。

相反地，剁魚頭的時候，請用以五根手指握住刀柄的拿法，手腕往下揮動，將重量施於菜刀上，用刀顎斬斷。

生魚片切刀的拿法、操作方式

生魚片切刀正如其名，目的是用來切生魚片。它的刀身窄長，刀刃較薄，希望各位能夠發揮它的特徵，學會切出切口美觀的生魚片的技巧。

首先，最要緊的就是安定地拿取刀身較長的生魚片切刀，將食指筆直地伸長，一直線地壓在菜刀的刀背上。大拇指穩定地支持背面的刀腹，使食指與菜刀刀刃合而為一，避免刀刃搖晃。

最具代表性的生魚片切法，是拉刀切法。拉刀切法的動作，首先是將袖口對準砧板靠近自己的那個角，刀尖齊上架好，將菜刀往自己的方向拉。這時，要使用全部的刀身來拉，拉到盡頭後，以畫圓弧的方式，將刀顎往上拉。切畢之後，將刀尖立起來切斷，直接將切下來的魚肉往右邊推。

使用削切法切上身的時候，菜刀的刀顎稍微往右邊傾斜下刀。這時，將左手輕輕地放在魚肉上，使用整個刀身，往自己的方向拉。用左手拈起切下來的魚肉，將菜刀立起來切斷。

我們也可以說生魚片的美味，幾乎取決於菜刀的鋒利度與刀工，想要迅速地切生魚片，避免損及魚肉的鮮度，必須具備熟練的技巧。

薄刃切刀的拿法、操作方式

薄刃切刀的基本握法，必須能夠細微地移刀刃。握刀時，讓刀柄的角在手掌的正中央，用大拇指與食指夾住菜刀根部，充分固定刀刃。用中指、無名指、小指緊緊握住刀柄。如此一來，刀刃就不會往左右搖動，可以正確地進行精細的工作。

薄刃切刀從刀顎到刀尖呈一直線，刀刃施於砧板上的力道均等。切碎的時候，請發揮這個特徵，利用菜

DVD Chapter 02 出刃切刀的拿法

●例1 多少需要施力時的拿法。用食指與大拇指壓住菜刀的刀腹

●例2 片魚的時候，將食指靠在刀背上，控制力道。

DVD Chapter 03 生魚片切刀的拿法

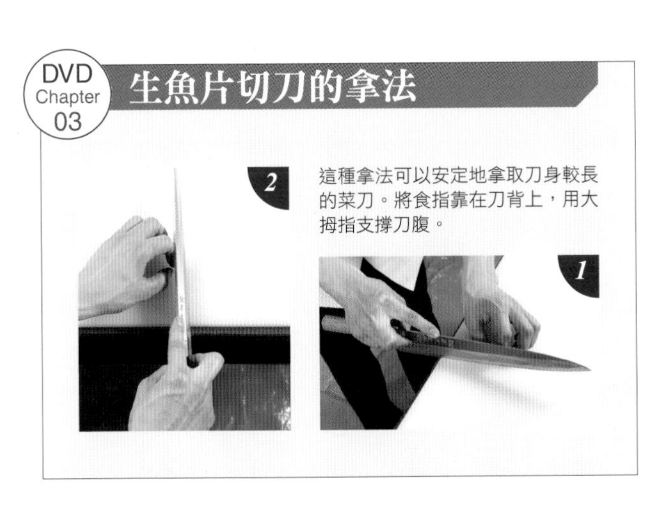

這種拿法可以安定地拿取刀身較長的菜刀。將食指靠在刀背上，用大拇指支撐刀腹。

DVD Chapter 01 薄刃切刀的拿法

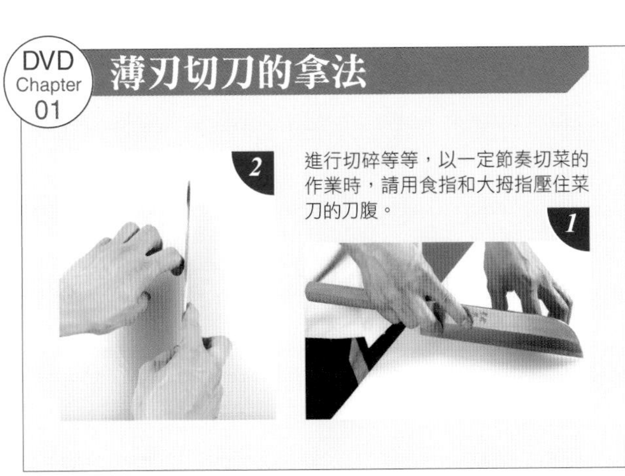

進行切碎等等，以一定節奏切菜的作業時，請用食指和大拇指壓住菜刀的刀腹。

刀的重量，使刀刃往前滑動。當菜刀觸及砧板後，再拉回原來的位置。請保持一定的節奏重覆進行切碎的作業。

這時，如果菜刀的刀柄碰觸砧板，就無法有節奏地切菜。

有時可能無法完全切斷素材，所以切的時候，請務必採用往前壓的方式。最好使用菜刀刀刃正中央偏前的部分。

有一些素材，如白蘿蔔或小黃瓜等等，從橫面下刀，有時候切起來比直向下刀更為美觀。此時請從厚度的上方開始，以橫向下刀，按壓時往橫向切。切完後將菜刀拉回原處，從相同的角度切下一刀。保持一定的節奏，反覆進行，削成薄片。

削皮的時候，請使用菜刀正中央比較偏自己的部分。用拿菜刀的大拇指按壓素材即將切下的部位與刀刃，用另一隻手將素材朝刀刃旋轉，用這個方式削皮。

有一些蔬菜可能會用到削絲、剜芽等等動作。即使只是單純地將食物切成方便食用的形狀或大小，隨著蔬菜的特性，以菜刀施力的方式也有所不同。請學習適合材料的菜刀用法。

使用菜刀時的姿勢

保持一個拳頭的距離，站在砧板的正面，右腳往後退半步，使身體呈微微傾斜的狀態。砧板與身體保留空間，用稍微往前傾的姿勢，從正上方往下看菜刀。

正確的站法與姿勢

想要隨心所欲地使用菜刀，除了握菜刀的右手之外，支撐菜刀的左手動作、站立方式或姿勢等因素，也會造成影響。將它們一體化之後，方能孕育出完美的刀工。

首先，請將兩腳打開，與肩膀等寬，面向砧板，檢視一下砧板的高度。當砧板過低時，我們容易向前傾，造成腰部的負擔。相反地，當砧板過高時，不容易施力，反而會施加過多的力量。差不多讓砧板位於肚臍稍微下面一點點的位置。

與砧板平行站立後，讓身體與砧板保持一個拳頭的距離。接下來將右腳往後退半步，讓身體與砧板呈現略微傾斜的狀態。如此一來，砧板和身體之間就有足夠的空間，足以拉切菜刀。

尤其是使用刀身較長的生魚片切刀時，必須保留可以完全拉到刀尖的空間。因為這種站法可以空出身體右側，足以拉切菜刀，不會感到壓迫。

決定站法之後，請用稍微向前傾的姿勢進行工作。如果無法從正上方往下看菜刀，就無法正確地切食材。將菜刀拿到身體正面，筆直地向下看刀背。

接下來，將持菜刀的慣用手手腕輕輕靠在身體旁邊，夾緊腋下。如此一來，從手肘到手腕都很安定，切菜時，菜刀的刀刃不會偏移。

DVD Chapter 03 生魚片切刀的操作方式

1 2 3

拉刀切法的範例。首先將刀顎放在砧板的邊角，使刀尖朝上架好。接下來使用整個刀身，將菜刀朝自己的方向拉。將刀顎慢慢地畫圓弧的方式往上拉。

DVD Chapter 01 薄刃切刀的操作方式

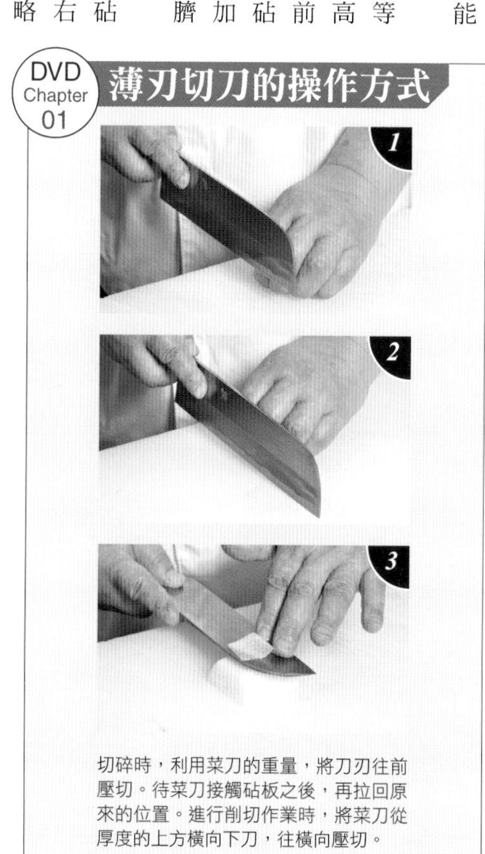

切碎時，利用菜刀的重量，將刀刃往前壓切。待菜刀接觸砧板之後，再拉回原來的位置。進行削切作業時，將菜刀從厚度的上方橫向下刀，往橫向壓切。

關於菜刀的材質

傳純的日式菜刀，可以分為只用鋼製作的「純鋼菜刀」，用鐵和鋼貼合而成的「包鋼菜刀」。近年來，還有使用不鏽鋼等等新材質的菜刀。

純鋼菜刀與包鋼菜刀

純鋼菜刀的製作方法類似日本刀，是一支支分別製成的，因此原料為純度相當高的鋼。在鍛鍊、粹火、回火等製造工程當中，要求熟練工匠的高度技巧，價格非常昂貴。

因為經過繁複的製作過程，所以純鋼菜刀切起來非常銳利，可以說是料理師傅的夢幻菜刀，然而想要順手地驅使菜刀，還是需要一定的技術。鋼雖然堅硬，但是也很脆弱，如果勉強施力的話，有時會造成刀刃缺損，有時甚至會斷成兩半。由於刀刃堅硬，磨刀也是一件難事。

另一方面，包鋼菜刀是將柔軟的鐵（底鐵）與鋼貼合後製成，軟鐵將會緩和衝擊，所以比純鋼菜刀堅固，而且不容易缺損。再加上磨刀不像純鋼菜刀那麼困難，保養也比較簡單。

單刃的包鋼菜刀，是將鋼放在底鐵上加熱，敲打鋼，與底鐵貼合而成。在磨刀的階段，模糊軟鐵與鋼的交界處，看起來像是多了一層霞靄，所以也稱為「霞」或「本霞」。由於它的製作方法比純鋼菜刀簡單，所以價格方面也比較便宜。不妨先用包鋼菜刀，累積足夠的經驗後，再找一支純鋼菜刀吧。

新材質菜刀

用傳統製法製作的純鋼菜刀和包鋼菜刀，因為它們的材質是鋼與鐵，所以容易生鏽。不鏽鋼是在防鏽的訴求下開發而成的，近年來，也經常用於日式菜刀的材質。

不鏽鋼菜刀不用鍛冶的過程，可以大量生產，價格也很低廉。優點是衛生，刀刃也不容易缺損，操作起來相當方便，但是它的硬度比較低，缺點是無法長時間保持銳利，最近則是往兼具不易生鏽和銳利的方向進行改良。

●純鋼菜刀●

全體都用鋼製成的菜刀。製造費時費力，使用高級鋼材，所以價格非常昂貴。因為製作繁複，所以可以長期保持銳利，不容易歪斜。然而它的研磨相當困難，也不耐衝擊，刀刃容易缺損。想要用起來得心應手，需要高度的技巧。

●包鋼菜刀●

貼合軟鐵與鋼製成的菜刀。完成後模糊軟鐵與鋼的交界處，所以也稱為霞或本霞。和全都用鋼製成的純鋼菜刀相比，堅固，好操作。可以用便宜的價格購得。

●不鏽鋼菜刀●

以不鏽鋼製成的菜刀。價格便宜，不容易生鏽，受到一般家庭的愛用，但是硬度較低，鋒利度與耐久性不足。最近已經著手進行專業用的製品研發。必須使用專用磨刀石。

菜刀的研磨方法

「只要看菜刀就能了解料理師傅的技巧」，正如這句話所說的，用沒有保養的菜刀工作，無法提昇你的技術。學習研磨菜刀的方法，也是一種菜刀技術的鍛鍊。

磨刀石的種類與選擇方法

研磨菜刀時，磨刀石是不可或缺的物品。磨刀石有各種不同的種類，有高價的天然磨刀石，也有比較便宜的人造磨刀石。

必須準備的磨刀石，為粗面磨刀石、中粗面磨刀石、成品磨刀石等三種。「粗面磨刀石」用於粗磨刀刃缺損，「中粗面磨刀石」用來研磨，「成品磨刀石」用於最後的修飾，它們的用途都不同，至少要準備這三種。

磨刀石依粒子大小，分為各種編號。一般來說，粗面磨刀石是60~200號，中粗面磨刀石是800~1200號，成品磨刀石則選6000號以上。

磨刀石的編號與硬度依廠牌與材質而異，只要考慮用起來是否順手即可。不鏽鋼製的菜刀，必須使用專用磨刀石，請事先確認。

磨刀石在研磨的過程中，表面將會逐漸磨損。等到表面的中央凹陷後，想要將刀刃磨平就不太容易了，必須以「石磨」將磨刀石的表面磨平。準備專用的「石磨」相當方便。

磨刀石的種類

要準備的磨刀石：磨除刀刃缺損的粗面磨刀石（60~200號），研磨刀刃的中粗面磨刀石（800~1000號），修飾用的成品磨刀石（6000號以上）等三種。編號數字越小，表示磨刀石的顆粒越粗。

在使用的過程中，磨刀石的中央將會凹陷。當表面不平坦時，不容易研磨，要用另一種「石磨」來研磨磨刀石。左邊就是專用的石磨。

菜刀的研磨方法

當刀刃磨損時，必須從粗面研磨石開始研磨，如果刀刃並未磨損的話，只要依序使用中粗面磨刀石、成品磨刀石就可以了。

研磨之前，請先做好準備動作，將磨刀石浸泡於足量的水裡，讓磨刀石吸足水分。放在濕毛巾等物品上面，避免磨刀石移動，充分固定，這個步驟也很重要。

請先準備中粗面磨刀石，從菜刀表面的刀刃磨起。將正面朝下，放在磨刀石上，以右手握住刀柄。以大拇指壓住刀腹，就會比較安定。將左手的無名指、中指、食指併攏，放在即將研磨的菜刀上。菜刀的刀刃與磨刀石的中心線，呈60度左右，將菜刀放在磨刀石上。

研磨的角度，與刀尖到「刀背的稜角」的角度相同。研磨時，請將「刀背的稜角」貼合磨刀石的表面。

保持這個角度，從自己身邊筆直地往前推。基本上不要過度用力，差不多是稍微使力往前方壓的程度。拉回自己的身邊時，不要出力。

剛開始先研磨刀尖的「弧度」，接下來依序往刀腹、刀顎移動。刀尖的「弧度」部分，角度與其他部分不同，請特別注意。

研磨時，磨刀石的成分與水混合，將形成黑色的泥水。研磨刀刃需要這些泥水，請不要沖掉。待沒有水分之後，再浸泡到水裡，補充水分。

研磨表面，直到背面出現「突起」，稍微磨一下背面，磨除「突起」的部分。如果表面全體磨90次的話，背面差不多是10次左右。

接下來用成品磨刀石研磨。以中粗面磨刀石研磨後的刀刃，表面還有一點粗糙，最後一定要用成品磨刀石研磨、修飾。研磨順序與中粗面磨刀石相同，先磨正面，再翻到背面，磨除「突起」的部分。

想要判斷刀刃是否已經磨好，只要將刀鋒直立於指甲上就看得出來。如果刀刃沒有滑落，而是卡在指甲上，表示刀刃已經磨好了。還不熟練的時候，研磨途中可以進行幾次確認狀況。

磨除刀刃缺損

發現刀刃缺損時，請用粗面磨刀石研磨整把菜刀，磨到缺損的部分消失為止。

基本的研磨方法與中粗面磨刀石相同。用右手拿菜手，將菜刀放在磨刀石上，刀刃與中心線呈60度角，將刀刃貼合磨刀石，中間不要留縫隙，開始研磨。

大面積地使用磨刀石，保持角度，筆直地往前壓。這時施於菜刀上的力量，大約為輕輕地滑過輔助手的程度。拉回自己的方向時，請放鬆多餘的力量。反覆這個步驟，每研磨20~30次後，以手指撫摸背面，確認缺損處是否已經磨除。

研磨方式大致如上所述，出刃切刀、生魚片切刀、薄刃切刀，各種刀刃的形狀都不一樣，研磨方式自然也有微妙地差異。

尤其是出刃切刀，刀鋒處有弧度，所以必須考慮刀鋒的弧度。研磨刀鋒時，必須以畫圓弧的方式往前壓。

待缺損磨除後，依前述的方法，用中粗面磨刀石、成品磨刀石研磨後即成。

菜刀的保養

結束一天的工作時，一定要保養菜刀。菜刀使用完畢後，請用粉末清潔劑，將整把刀洗乾淨。

首先，將菜刀放在砧板等等固定的平台上，讓刀刃接觸台面，用削除不用的白蘿蔔或包布的棒子，沾取粉末清潔劑，磨擦菜刀的刀腹。

接下來，仔細擦洗刀背與刀柄部分。特別是刀柄，容易藏污納垢，造成細菌繁殖，一定要細心擦洗。然而用粉末清潔劑擦洗刀鋒時，將會影響銳利度，所以不要磨擦刀鋒。

全部擦洗過後，用清水仔細沖洗污垢與粉末清潔劑，將水份充分拭乾。用熱水清洗時，容易造成刀柄破裂，也會讓高級菜刀彎曲，所以最好不要長時間浸泡在水溫超過80度的熱水裡。如果水份殘留在刀子上，恐怕會造成生鏽，請將水份完全拭淨，再存放於通風良好的地方。

最好用毛巾等布塊蓋在菜刀上。

長期間不使用的時候，請在刀刃表面全體抹一層薄薄的植物油，避免生鏽。

保存時請和乾燥劑一起，用報紙包起來。

菜刀的研磨方法

通常研磨菜刀從中粗面磨刀石開始。依照中粗面磨刀石、成品磨刀石的順序研磨菜刀，使刀子更鋒利。用粉末清潔劑擦洗菜刀上的污垢，再用清水沖洗，拭淨水份後保存。

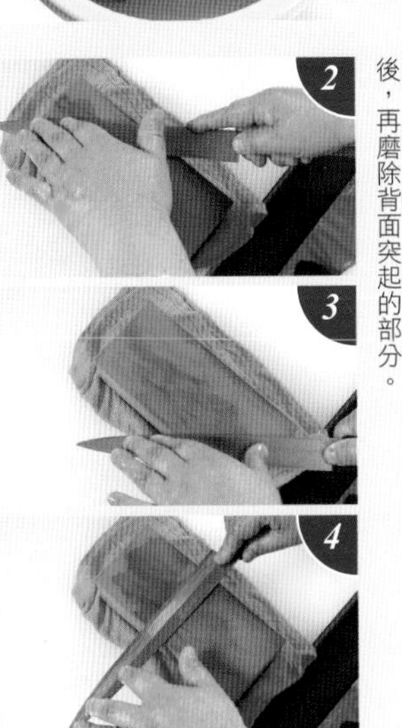

1 將要用的磨刀石放入足量清水中，使磨刀石吸滿水份。

2～4 用左手無名指、中指、食指壓住刀刃，從刀尖往中央、刀顎慢慢研磨。研磨的角度方面與刀尖到刀背稜角的角度相同。研磨表面後，再磨除背面突起的部分。

5 將刀刃放在指甲上確認。如果刀刃會卡在指甲上，表示刀刃已經磨好了。

6～7 用中粗面磨刀石研磨後，再用成品磨刀石研磨。成品磨刀石的研磨要領與中粗面磨刀石相同。磨到背面出現突起，再輕輕磨除突起部分，就完成了。

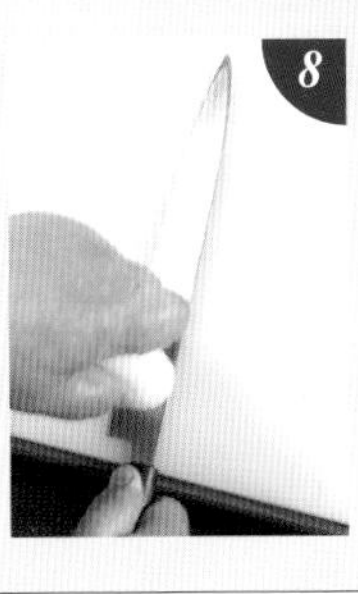

8 用白蘿蔔等物品沾取粉末清潔劑，仔細擦洗菜刀的刀腹、刀背與刀柄，將污垢擦除。用清水充分沖洗後，將水份擦乾。

運用刀工技術的料理

鯛魚全魚生魚片

燉煮鯛魚頭

切生魚片，或是製作燉煮料理、油炸料理。不管是魚肉或蔬菜，都要學會刀工技術，隨心所欲地運用，才能使外型美觀，完成一道商品價值高的料理。

酥炸鯛魚

鯛魚清湯

鯛魚生魚片

比目魚薄切生魚片

竹筴魚全魚生魚片

水針魚黃鶯生魚片

剝皮魚薄切生魚片

虎魚生魚片

酥炸剝皮魚（頭與中骨）

海鰻魚片與燒霜魚片

星鰻生魚片

章魚抖刀切法

鮪魚的各種切法

鮪魚平切法　鮪魚方形切法　鮪魚鑲入切法　鮪魚與比目魚的博多式切法　鮪魚鳴門式切法
鮪魚蝶切法　鯛魚削切法　鯛魚花切法　花枝鳴門式切法　花枝細條切法　花枝鑲入切法　花枝裝飾切法

片魚的方法

片魚方法的重點

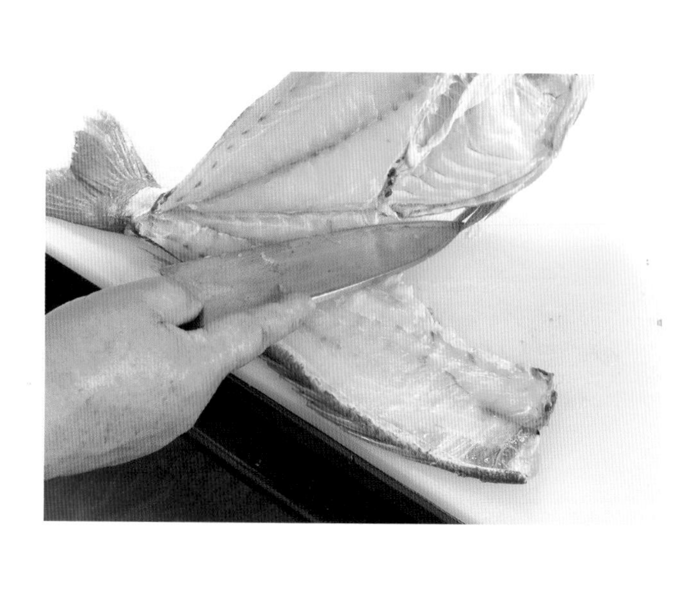

為了避免影響魚貝類的新鮮度 請學會效率良好的片魚方法

想要製作美味的魚貝類料理，第一件事就是學會適合各種魚貝類的切法。如果在事前準備的階段，就影響它們的新鮮度，或是損壞它們的肉身，一定會有損完成料理的美味。尤其是生魚片，素材的新鮮度，可說是美味的關鍵。有效率地片魚，與保持魚貝類的新鮮度有連帶關係，請學會準確的動作。

魚類事前準備的流程如下，首先刮除魚鱗，將魚頭切下來，接著清除魚鰓、內臟。用流動的清水仔細沖洗，清除血合肉與污垢，將水份擦乾後，就可以開始片魚的作業。雖然片魚的方法依料理而異，製作生魚片時，需將片下來的魚肉切成長條狀，將魚皮剝除後就完成了。由於片魚的方法也依魚的特質而有少許差異，希望大家可以多方嚐試後學習。

大部分的魚在刮除魚鱗時，都是從尾巴往頭的方向動刀，與魚鱗的走向相反。鯛魚等魚鱗較硬的魚類，要用除鱗器，鰈魚或比目魚等等魚鱗細小、重疊的魚類，則用削切法刮除。

接下來是切魚頭，像鯛魚等類魚頭價值較高的魚類，則用十字切法，將魚鰓或胸鰭留在頭上。不需要魚頭的話，儘量不要讓魚肉留在頭上，從頭的根部切除。

進行這些工作時，使用出刃切刀。特別是片魚的時候，請用菜刀感覺魚肉與骨頭的觸感，改變刀刃的動作與角度。因此，請用食指扶在菜

刀的刀背，用大拇指按壓刀腹，握刀時不要使刀刃搖晃。使用這種握法時，即使進行以菜刀橫切的動作，菜刀依然很穩定。

用菜刀沿著中骨，片魚時不要讓魚肉留在骨頭上

魚類最具代表性的片法，就是三片切法、五片切法、背開法、腹開法等等。不論是哪一種，目的都是將魚肉從骨頭上切開，切開時，不可以讓魚肉留在骨頭上。因此，重點在於將菜刀沿著中骨切開。然而切開時，下刀的次數要儘可能減少。此外，儘量以大動作下刀，防止魚肉裂開也很重要。

三片切法是將魚片成魚上身與下身、中骨等三片。基本上要從下身開始片起，從肚子處下刀，沿著中骨一直切到尾巴，切開。接下來，改變魚的方向，從背部下刀，沿著中骨，從尾巴一直切到頭。最後再將魚肉從中骨切開。這種片法幾乎可以應用於所有魚類上，請學會這個基本方法。

五片切法則是將上身分為腹肉與背肉兩片，下身分為腹肉與背肉兩片，再加上中骨就是五片。比目魚或鰈魚外形比較平坦，邊緣有堅硬的鰭邊肉。菜刀不容易從邊緣入刀，所以先沿著背骨，從魚身體的中心劃出刀口，從這裡沿著中骨，切下腹肉、背肉。鰹魚的肉容易碎裂，片魚時先切下單側，立刻分成腹肉與背肉，切成五片，防止魚肉碎裂。

背開法、腹開法是用於星鰻或鰻魚等長形魚或剖開小魚的手法。此外，也可以用於製作魚乾的時候。

基本的片魚法

三片切法（鯛魚）

DVD Chapter 04

分成上身、下身、中骨等三片的基本片魚法。雖然也有從腹部與背部兩邊下刀的片魚法，本處要介紹的是一次即可切下魚肉的方法。

基本的片魚方法為「三片切法」與「五片切法」。只要學會這2種片魚的方法，接下來就可以應用基本方法片魚。請反覆地練習基礎，完全掌握其中的訣竅吧。

刮除魚鱗

1 這是用生魚片切刀刮除魚鱗的「削切法」。將菜刀橫放，從尾巴往頭的方向，沿著魚身前後移動菜刀，將魚鱗削下。

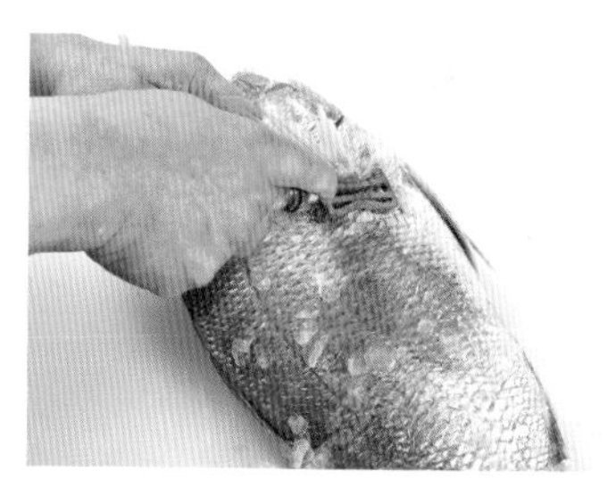

2 這是使用「除鱗器」刮除的方法。從尾巴往頭的方向，斜向刨魚鱗，連魚腮的背面的魚鱗都要徹底刮除。

切下頭部

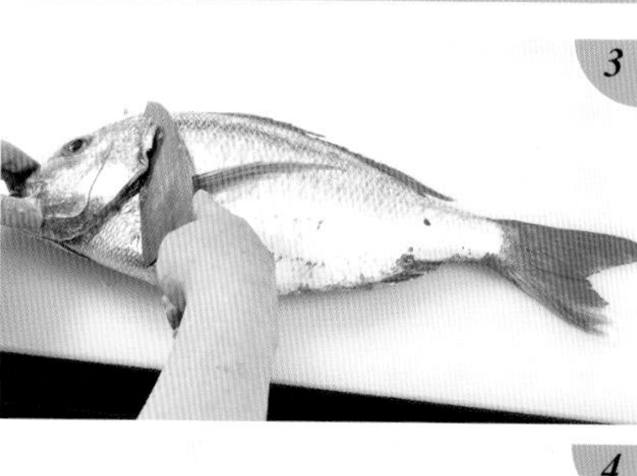

3 4 將腹部朝向自己，切除新月狀的魚鰓。刀鋒從魚鰓下方切入，切下魚頭的根部。將魚翻到背面，切下背部魚鰓的根部。

5 6 7 直接將菜刀往下切，將頭部切斷。從下巴處入刀，切取兩邊的魚鰓。

清除內臟

8 9 以刀尖從頭部下刀。切開身體，一直到排泄口處，切開內臟周圍的薄膜，拉出內臟。

清理血合肉

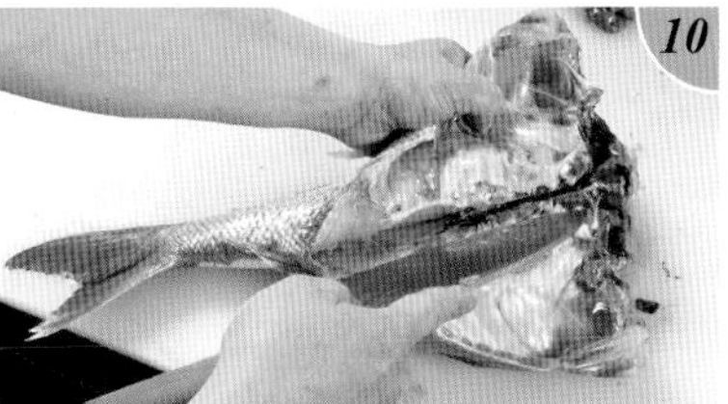

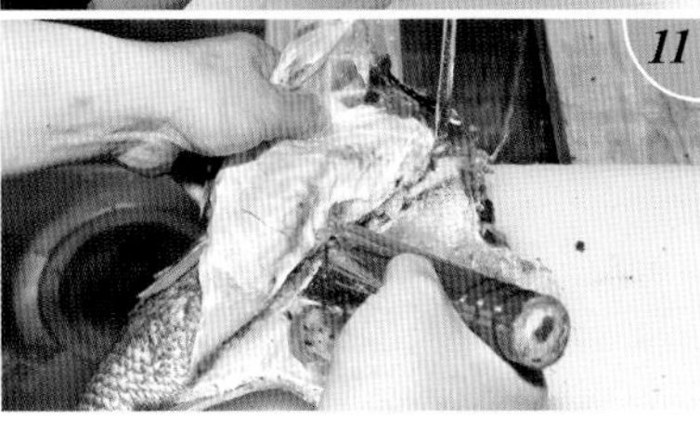

在中央較粗的骨頭下方畫刀口，用刀尖刮出血合肉。接下來使用竹刷子，以清水沖洗。

切下身肉

將菜刀橫放，刀尖由頭部下刀，一直切到尾巴。將菜刀從背部插入，沿著中骨上方切開，一口氣將下身切下來。

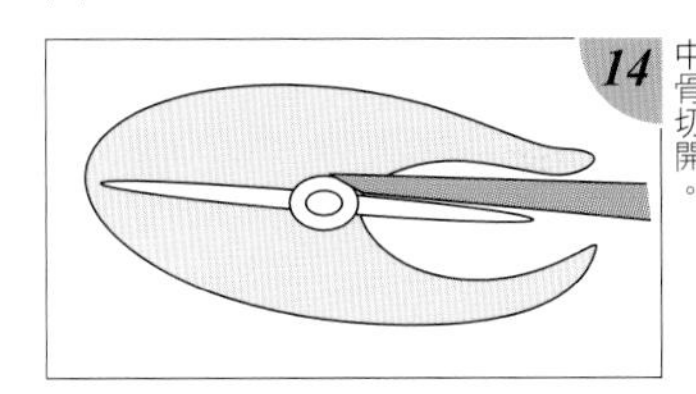

將菜刀插入中骨中央的骨頭處，直接沿著中骨切開。

切上身肉

翻到背面，將背部朝自己放好。從背的頭部開始下刀，沿著中骨一直切到尾巴。

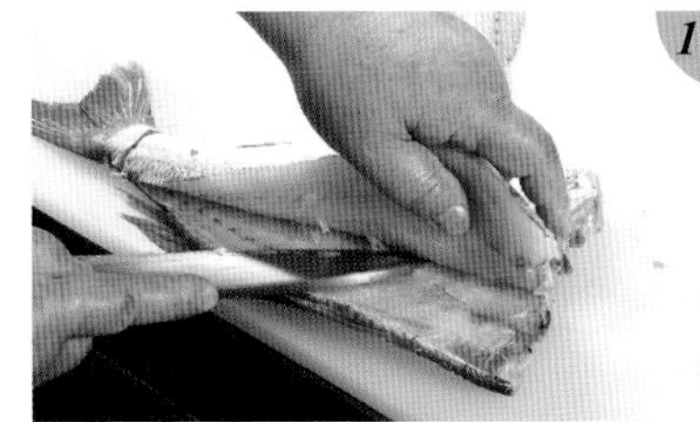

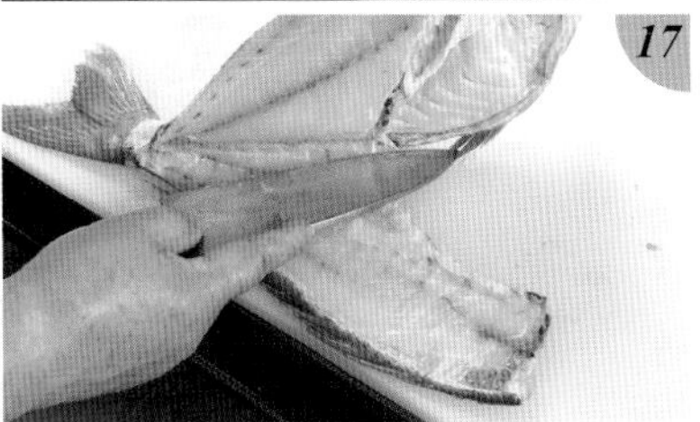

方法和下身相同，從刀尖開始下刀，沿著中骨一口氣切到腹部。

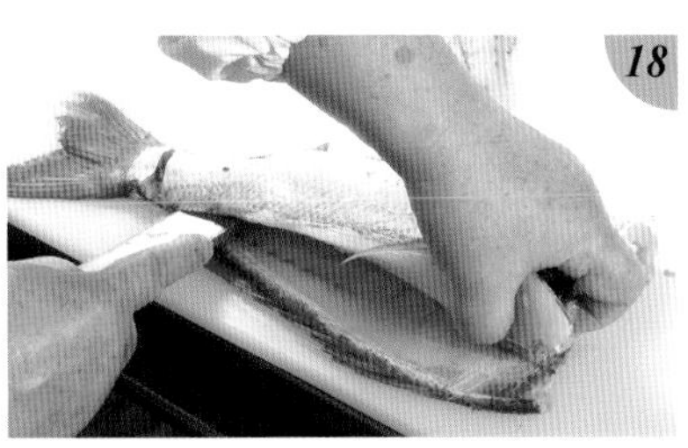

在尾巴根部畫刀口，從頭部下刀，一口氣將魚肉切下來。

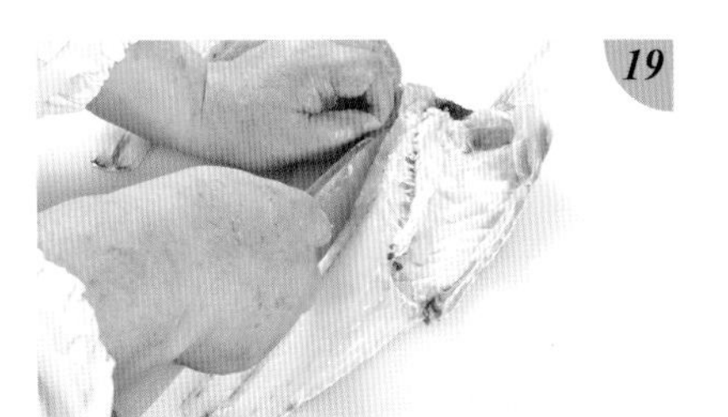

縱切成兩半。以縱向從血合肉旁邊下刀，將背部與腹部各切成兩半。

切除腹骨

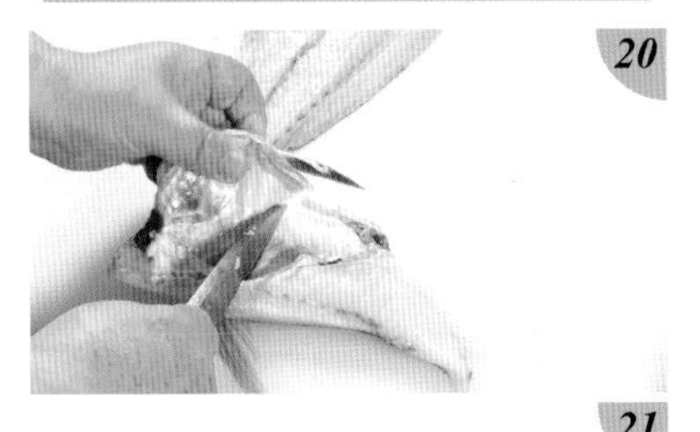

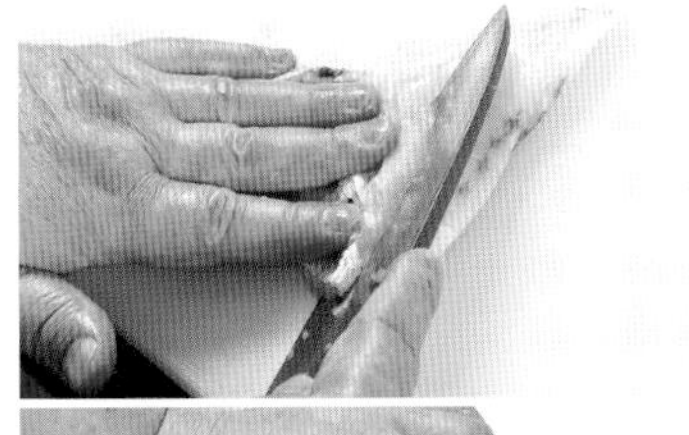

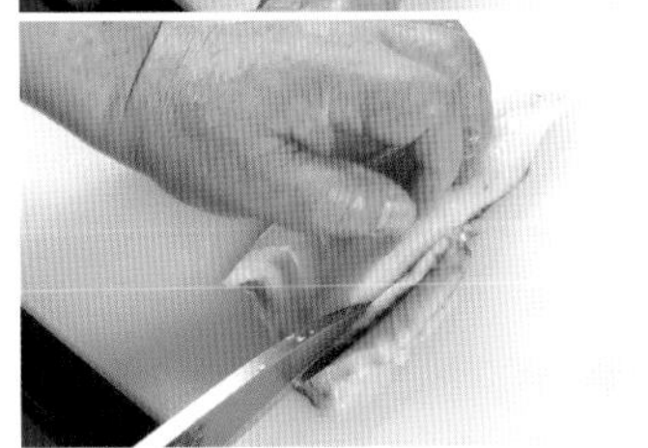

切除肉身較薄部分的腹骨，將菜刀橫放，削除剩餘的腹骨。最後切下剩下的中骨。

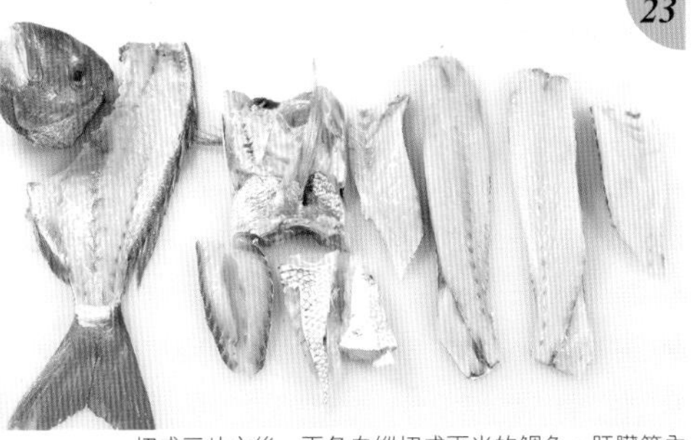

切成三片之後，再各自縱切成兩半的鯛魚。肝臟等內臟也可以製作美味的料理。

梨割法（魚頭）

放置魚頭時，使嘴巴朝上。一旦菜刀滑落將會非常危險，請用布塊壓住魚頭，以用刀尖刺入砧板的感覺，找到支點，一口氣往下切，分成兩半。

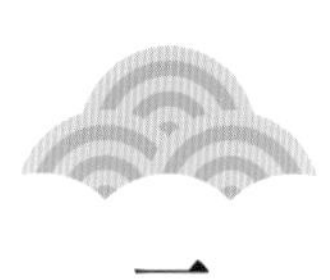

三片切法（竹筴魚）

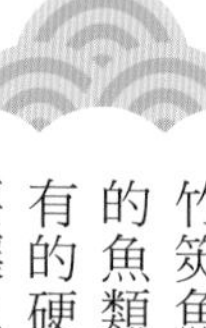

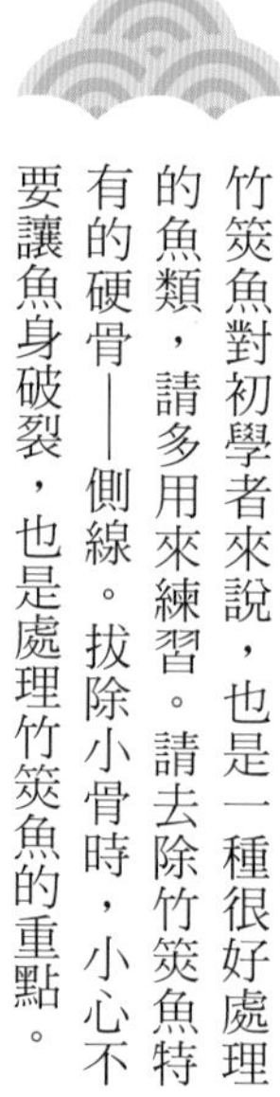

竹筴魚對初學者來說，也是一種很好處理的魚類，請多用來練習。請去除竹筴魚特有的硬骨——側線。拔除小骨時，小心不要讓魚身破裂，也是處理竹筴魚的重點。

切除側線

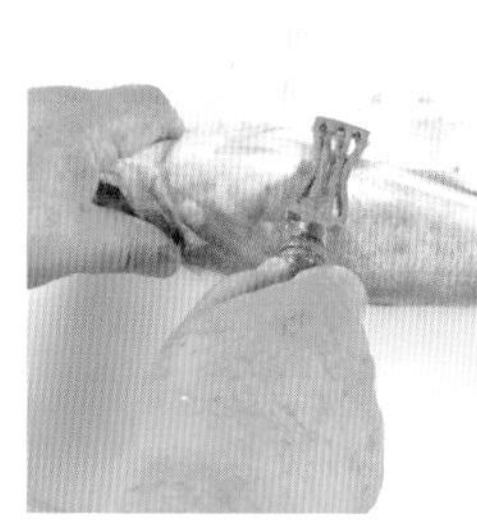

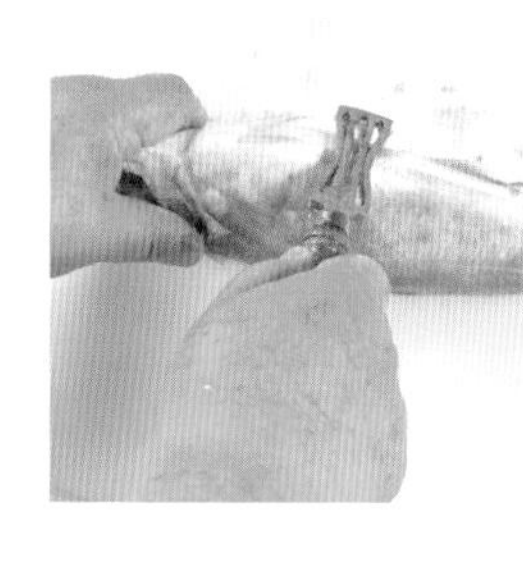

1 使用除鱗器，從尾巴到頭部刮除魚鱗。請徹底刮取，不要讓腹部的背面留下任何一片魚鱗。

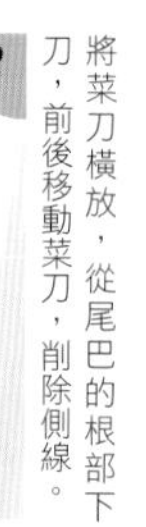

2 將菜刀橫放，從尾巴的根部下刀，前後移動菜刀，削除側線。

切除內臟

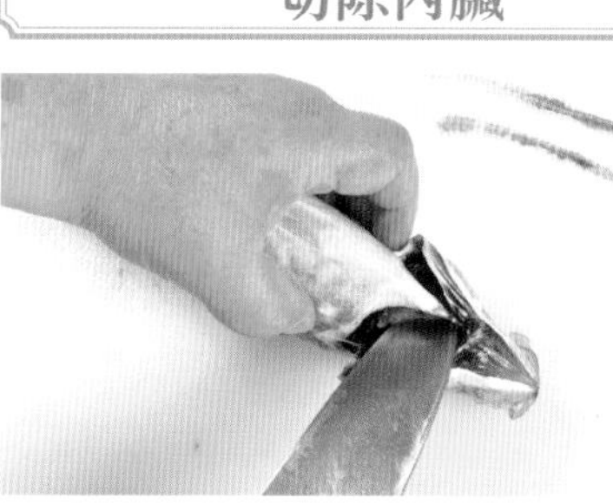

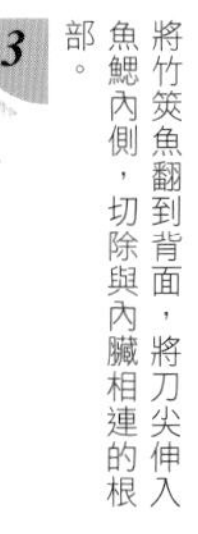

3 將竹筴魚翻到背面，將刀尖伸入魚鰓內側，切除與內臟相連的根部。

4 從腹部下刀，畫一道直到排泄口附近的刀口。

5 用手稍微拉開腹部，用菜刀的刀尖將內臟刮出來。

6 在中骨附近的薄膜畫一道刀口，刮出血合肉，用清水沖洗，以竹刷子清除污垢。

7 將胸鰭抬起來，從內側斜向下刀，將頭部切下來。

8 翻到背面，將胸鰭抬起來，和⑦一樣側斜向下刀，將頭部切下來。

切下身肉

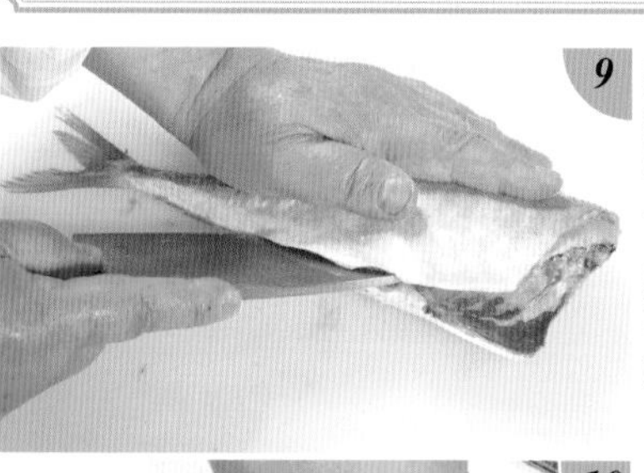

9 將腹部朝向自己，菜刀橫放，從腹部下刀，沿著中骨一直切到中央較粗的骨處，以菜刀片開。

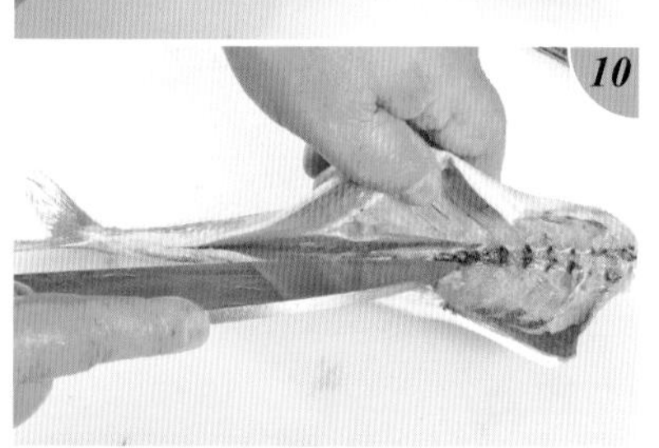

10

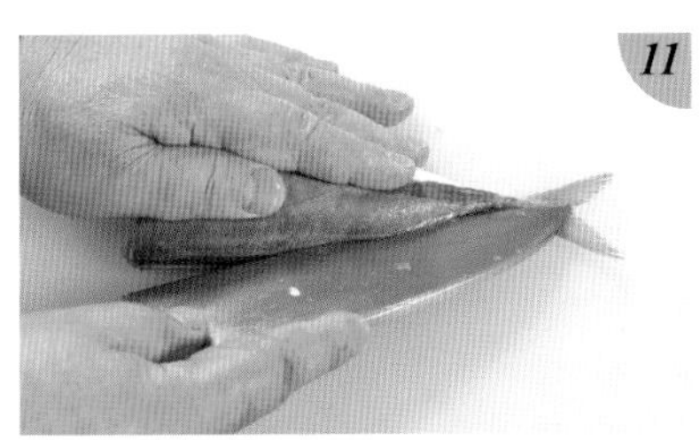

轉一下方向，使背部朝向自己。用左手輕輕壓住魚肚上方，將菜刀橫放，從背部的尾巴處下刀，沿著中骨畫一道刀口。

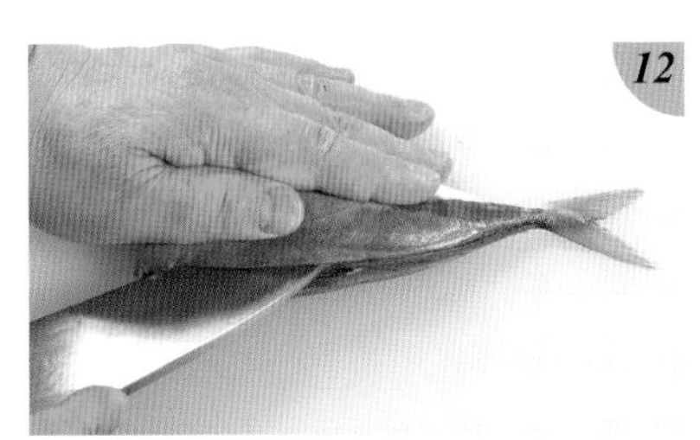

再次用同樣的方法從背部下刀，沿著中骨一直切到中央骨頭處。

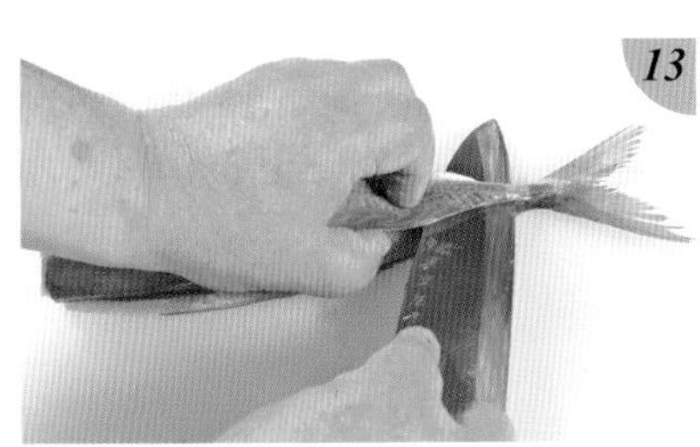

一直切到魚頭根部，將魚肉切開，接下來將菜刀翻過來，用相反的方向從上骨上方一直切到尾巴處。

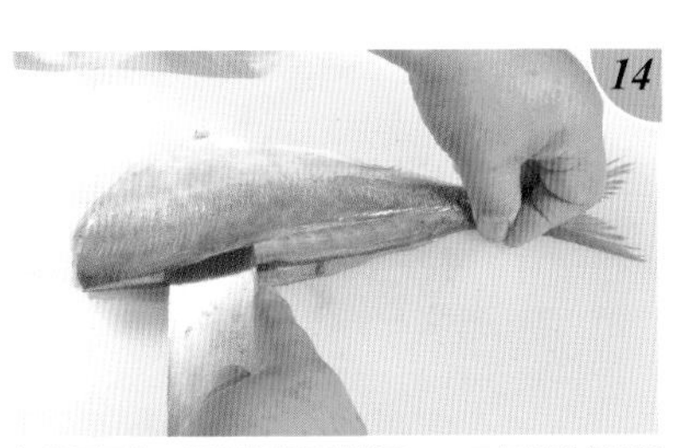

切到尾巴後，再次將菜刀翻過來，一口氣切到魚頭根部。

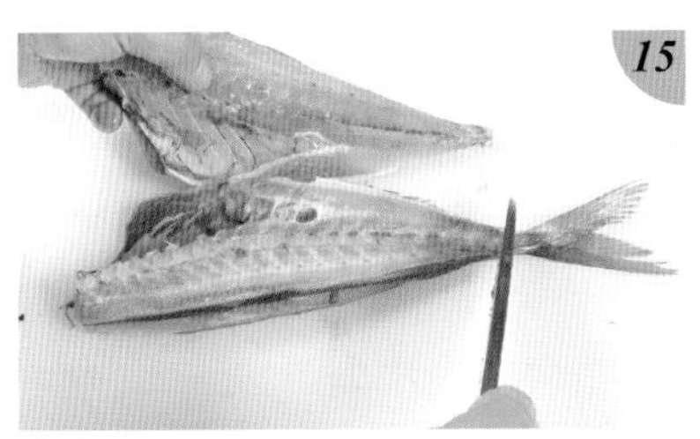

切下尾巴根部，切斷下身。

切上身肉

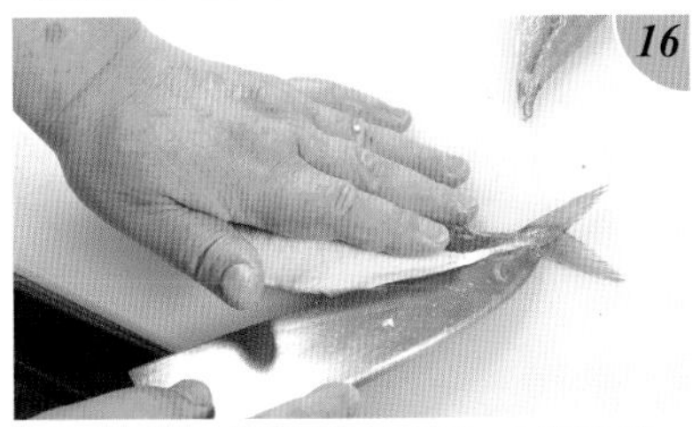

將魚翻到背面，腹部朝向自己下刀，方法與下身一樣，沿著中骨下刀，切下魚肉。

抵達魚頭根部後翻轉菜刀，用相反的方向沿著中骨上方切魚肉。

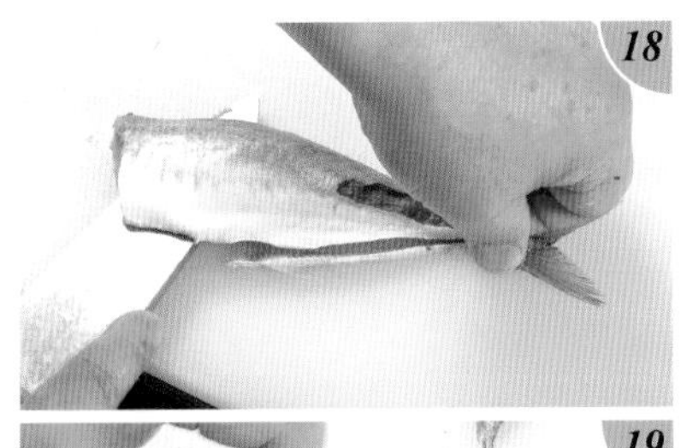

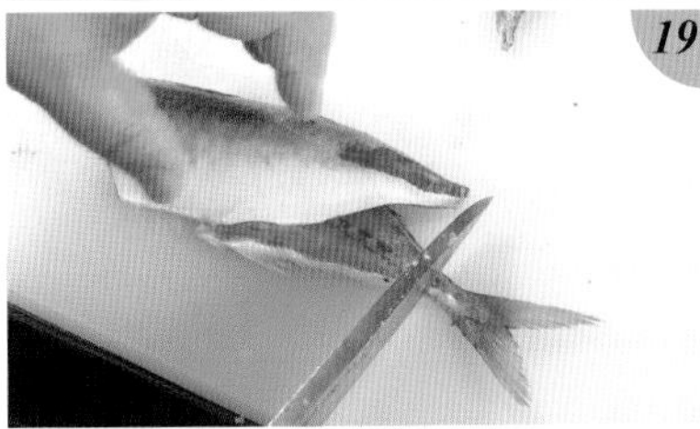

完成⑰後，將菜刀翻過來，一口氣將上身肉切斷，從尾巴處切斷。

片成上身、下身、中骨等三片的樣子。片魚的時候，中骨儘量不要留下魚肉。

仔細清除腹骨、小骨

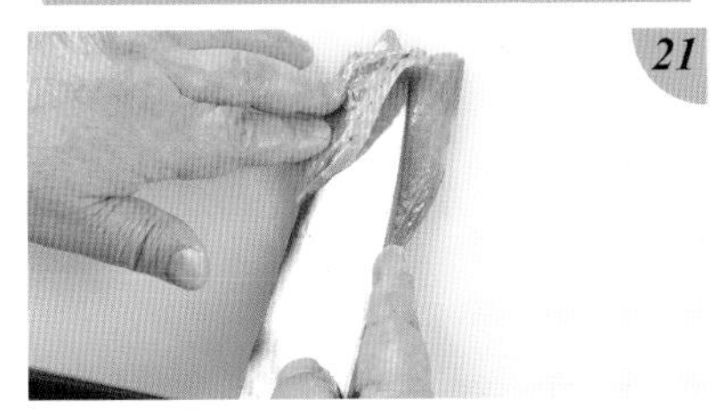

削除已經切下的上身與下身的腹骨。將菜刀橫放，儘量不要讓腹骨留在魚肉上。

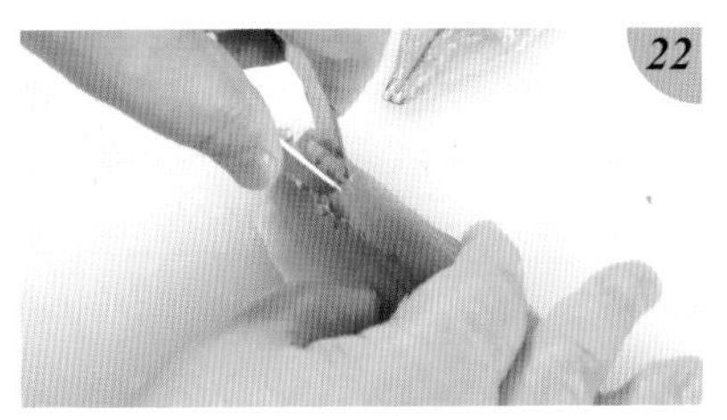

因為竹筴魚有小骨，請用手指觸摸尋找，再用拔毛器拔除。動作請小心，不要使魚肉裂開。

拉下魚皮

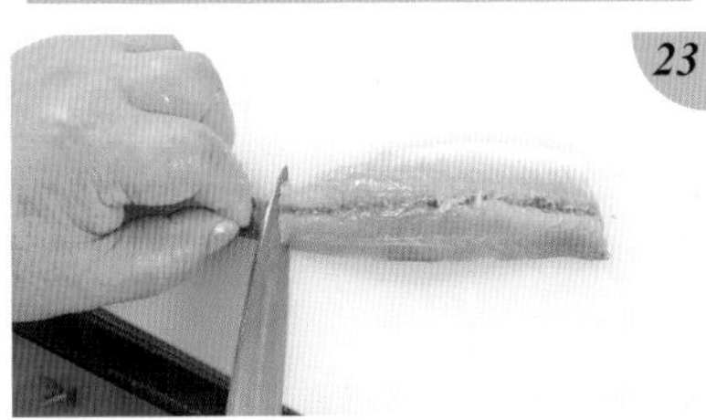

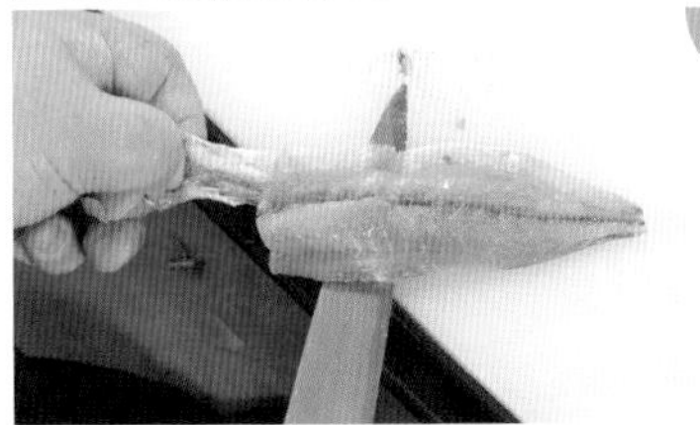

用菜刀在尾巴畫刀口，將菜刀橫放，滑入魚肉與魚皮之間。拉住魚皮的邊緣，一邊以滑動的方式移動菜刀，一口氣將魚皮拉下來。

拉下魚皮後的魚肉。留下美觀的紅肉。

全魚切法（竹筴魚）

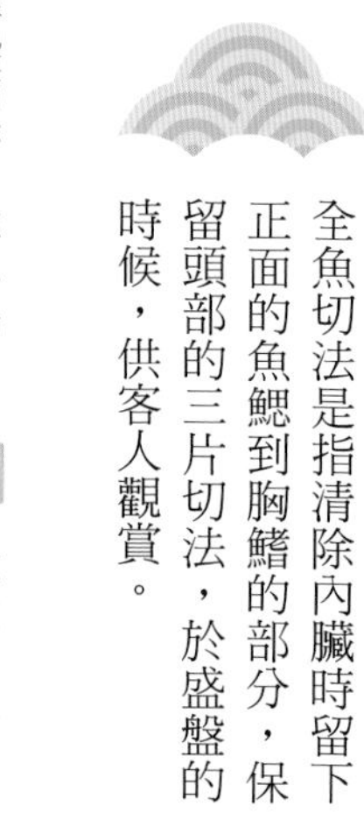

全魚切法是指清除內臟時留下正面的魚鰓到胸鰭的部分，保留頭部的三片切法，於盛盤的時候，供客人觀賞。

去除側線與魚鰭

1 將菜刀橫放，從尾巴根部下刀，前後移動菜刀，削除側線。

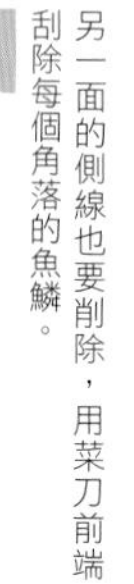

2 另一面的側線也要削除，用菜刀前端刮除每個角落的魚鱗。

保持全魚的狀態，清除內臟

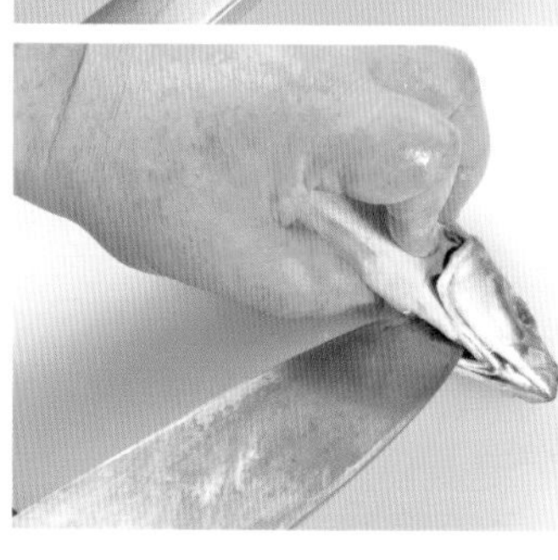

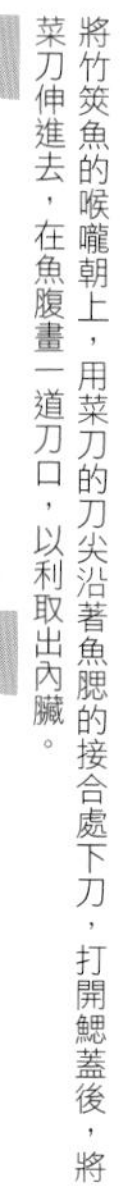

3 **4** 將竹筴魚的喉嚨朝上，用菜刀的刀尖沿著魚腮的接合處下刀，打開鰓蓋後，將菜刀伸進去，在魚腹畫一道刀口，以利取出內臟。

5 用菜刀取出內臟，直接拖出來，用清水沖去。

片全魚的魚肉

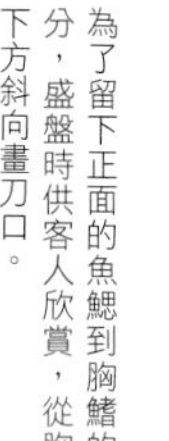

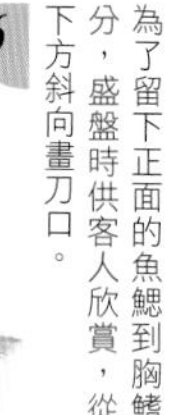

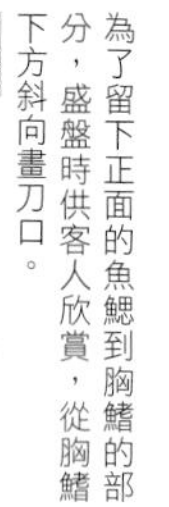

6 為了留下正面的魚鰓到胸鰭的部分，盛盤時供客人欣賞，從胸鰭下方斜向畫刀口。

7 從尾巴根部到中骨處畫一道刀口。

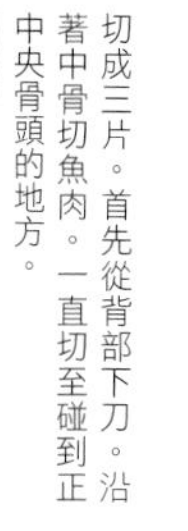

8 切成三片。首先從背部下刀。沿著中骨切魚肉。一直切至碰到正中央骨頭的地方。

9 沿著中骨下刀，切的時候一邊將魚肉拉起來。

10 用菜刀刺穿腹部，從中骨上方滑動，一口氣切下來。

壺抽法

所謂的壺抽法就是在不用菜刀切的狀態下，取出內臟的做法。用衛生筷從嘴巴進入魚鰓兩側，旋轉筷子，拉出魚鰓與內臟。

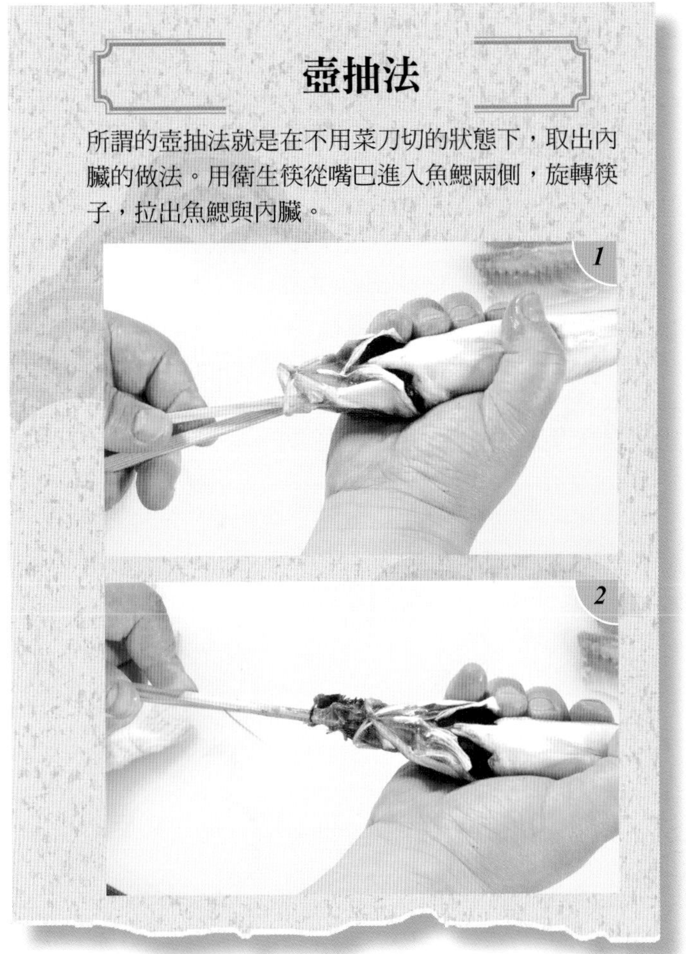

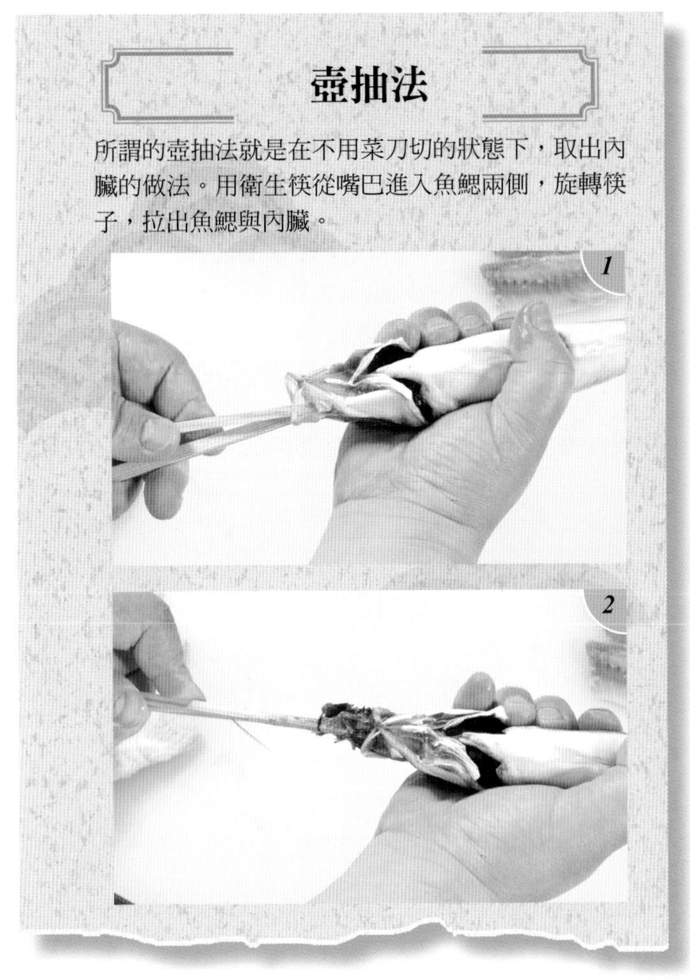

1

2

切下身肉

11 將背部朝向自己，在胸鰭下方畫一道刀口。

12 從剛開始在腹部畫的刀口處下刀，一直切到尾巴處。

13 和上身相同，以在中骨上滑動的方式下刀，一口氣將下身切下來。

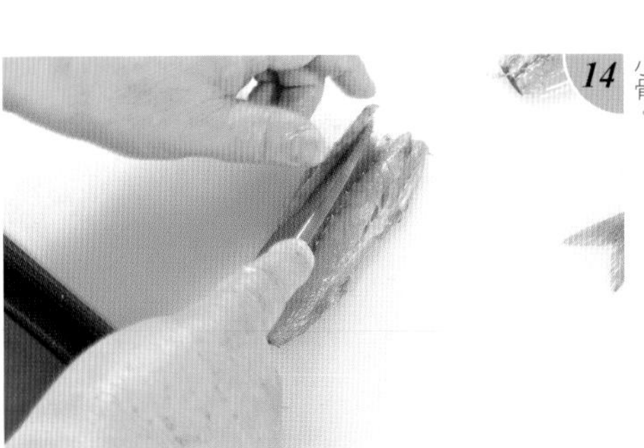

14 橫放菜刀，削除腹骨，用拔毛器拔除小骨。

15 切成三片全魚切法後的狀態。

五片切法（比目魚）

上身、下身各自從中央切成二片，共計片成4片魚肉與中骨等5片。其他還有鰈魚也用五片切法。

削除魚鱗

1 由於比目魚的魚鱗是重疊的，所以要用生魚片菜刀削除。請先將胸鰭切下來。

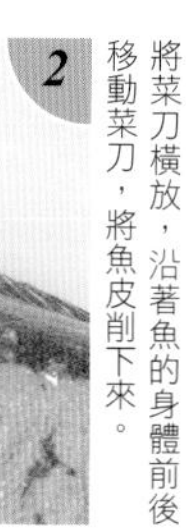

2 將菜刀橫放，沿著魚的身體前後移動菜刀，將魚皮削下來。

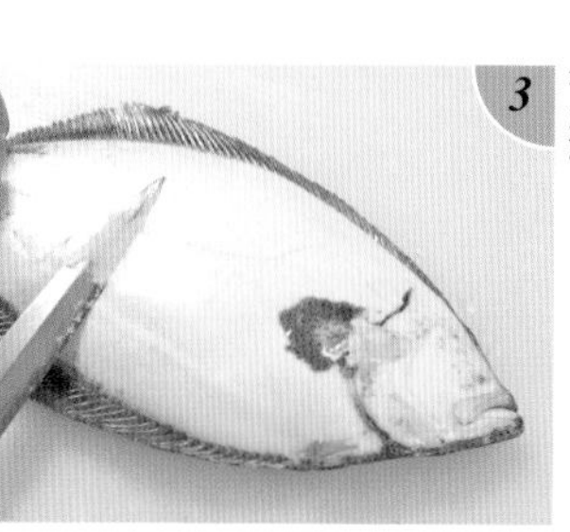

3 背面的下身也和②相同，削除所有魚鱗。

清除內臟

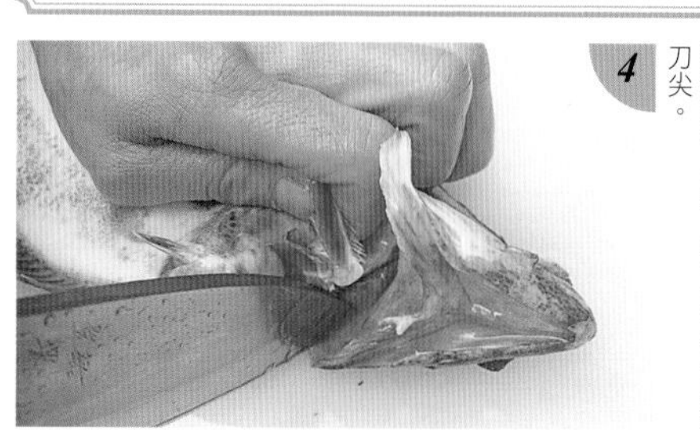

4 將鰓蓋往上拉，插入出刃切刀的刀尖。

5 用刀鋒切斷魚鰓的根部，切除魚鰓。

6 在胸鰭下方畫刀口，切斷頭部。

7 取出內臟，小心不要將肝臟壓碎。

8

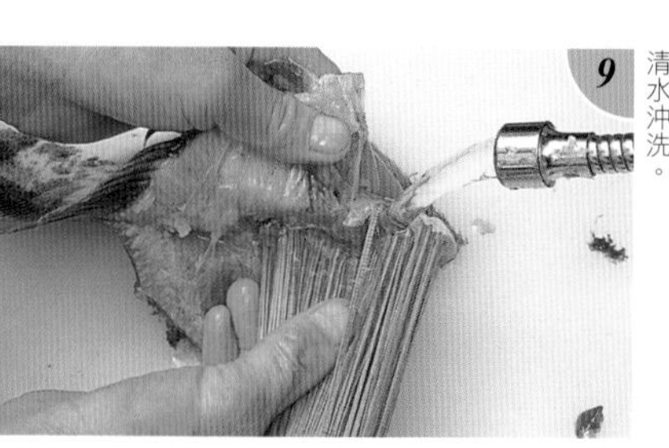

9 用竹刷子刮除血合肉等污垢，用清水沖洗。

10 用毛巾仔細將水份擦乾，魚肉才不會滑開。

切成5片

將背部朝上，沿著中央的背骨畫一道刀口。

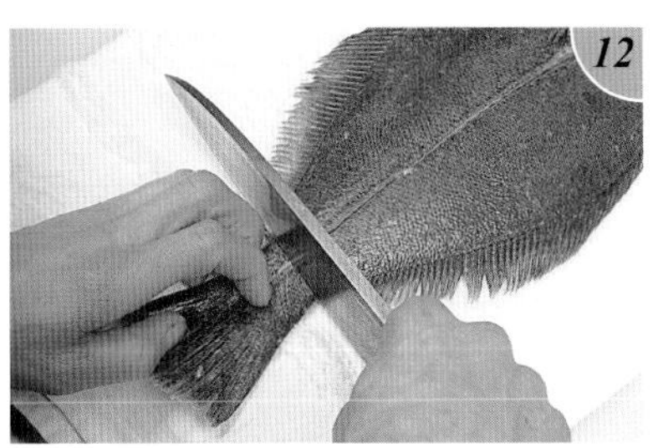

用菜刀在尾巴根部的中骨處畫一道刀口。

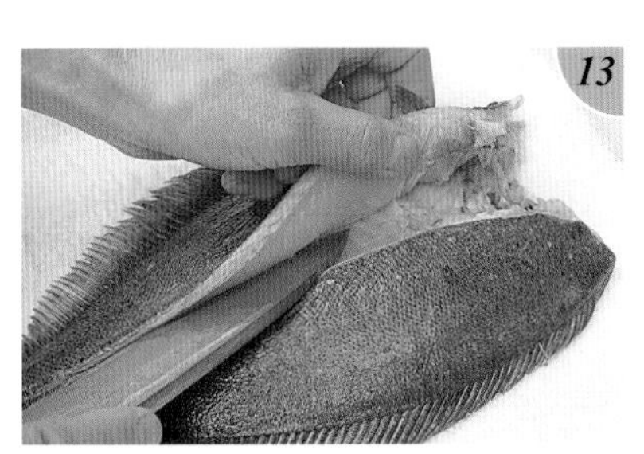

以橫放菜刀的方式下刀，用左手掀起魚肉，一邊切中骨上方，直到尾巴處。

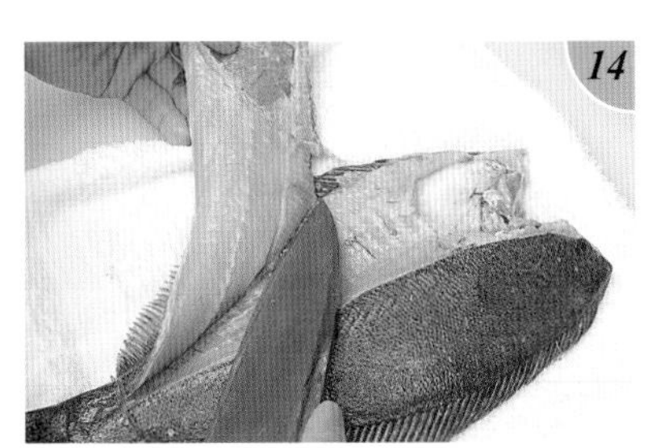

從頭側下刀，沿著中骨一直切到魚鰭的側邊肉與身體的交界處，切下來。

將頭部轉成朝向自己，從尾巴開始切開，背部也用同樣的方式切下來。

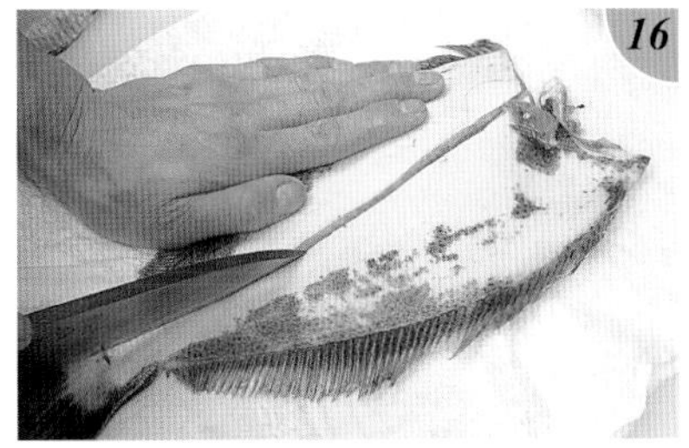

腹部也是從背骨上方下刀，畫一道刀口一直到尾巴處。

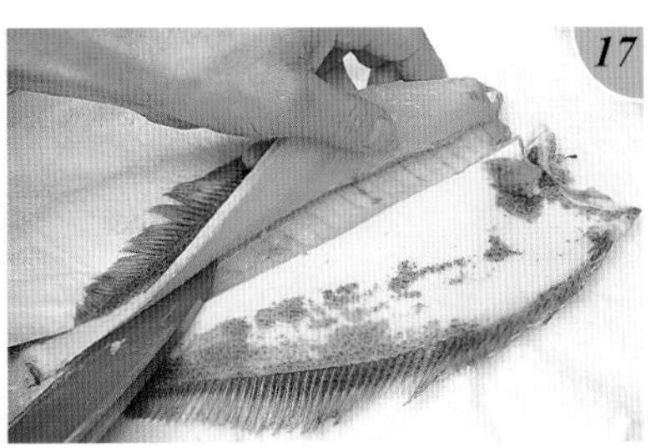

橫放菜刀，將刀鋒確實對準中骨，一直切到尾巴。

將菜刀一直切到魚鰭的側邊肉與身體的交界處，切的時候一邊將魚肉掀起來，切開裡側的背肉。

將頭部轉成朝向自己，以同樣的要領，切下裡側的腹肉，切成5片。

照片左起為外側背身肉、外側腹身肉、中骨、裡側腹身肉、裡側背身肉。

取下側邊肉

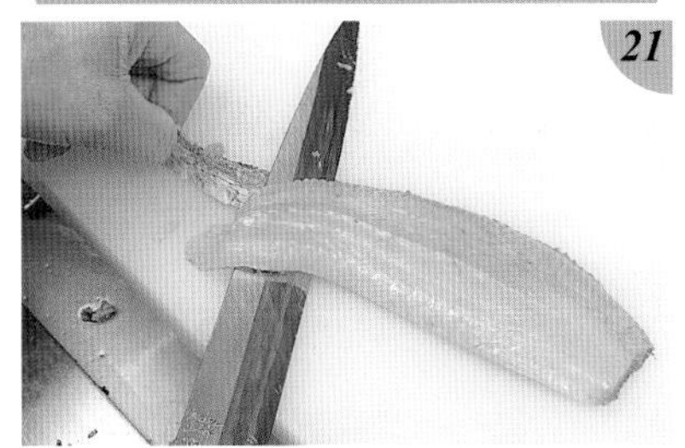

在尾巴的邊緣畫一道刀口，將菜刀橫放，以壓住魚皮的方式往前切，一邊拉扯魚皮，將魚皮扯下來。

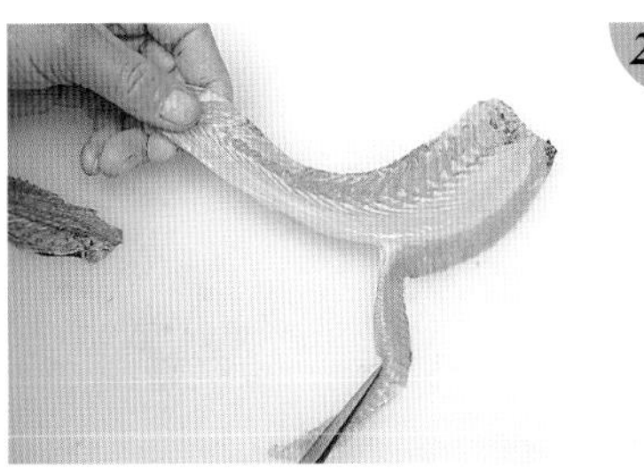

用菜刀輕輕按住側邊肉，切下來。

各種魚類的片魚法

鰹魚的切法

一般來說，鰹魚都是改用名為節切法的五片切法。由於它的肉身容易碎裂，所以能否一口氣下刀，就是一個重要的關鍵。

最基本的片魚方法是三片切法、五片切法，如果想將某些特殊魚貝類切成美麗的外觀，則必須採用符合魚體的方法。接下來將解說各個重點。

一口氣切除魚頭

切除魚體上方的堅硬魚鱗。以橫放菜刀的方式削除。

背部的魚鱗也要一口氣削下來。

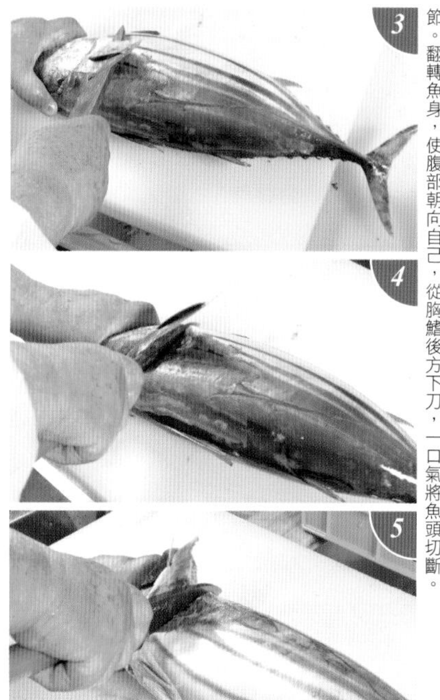

翻轉魚身，使背部朝向自己，將刀鋒橫放，從胸鰭後方下刀，將菜刀立起來，切下中骨的節。翻轉魚身，使腹部朝向自己，從胸鰭後方下刀，一口氣將魚頭切斷。

去除背鰭與內臟

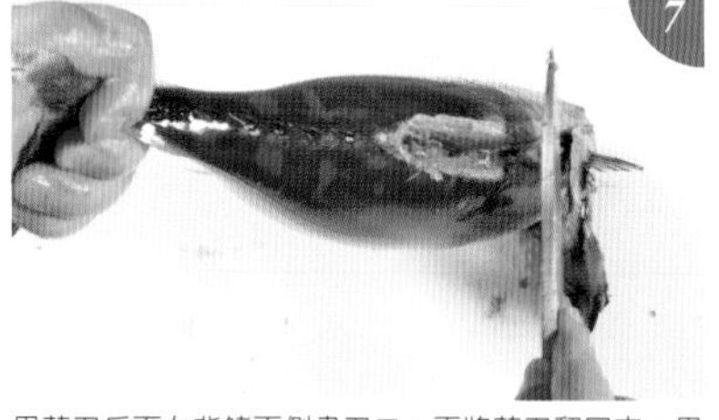

用菜刀反面在背鰭兩側畫刀口，再將菜刀翻回來，用削的方式一口氣切下來。

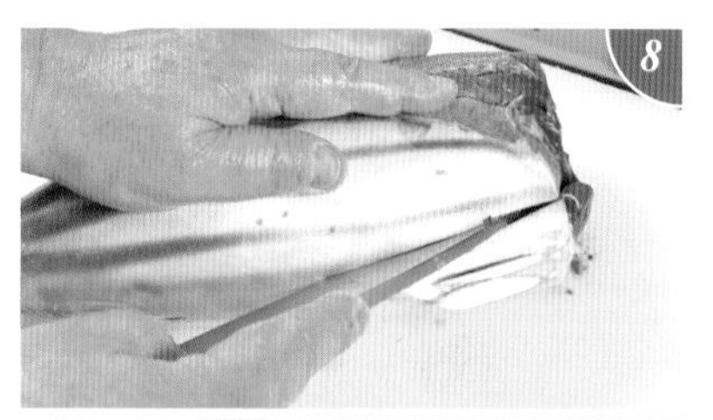

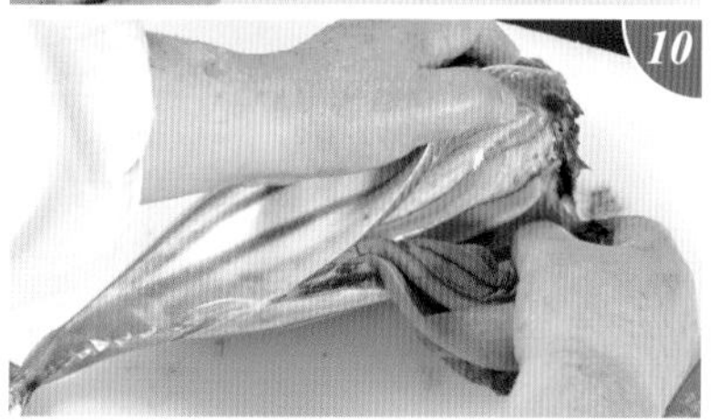

在腹部畫一個三角形的刀口。抓住鰹魚腹一口氣拉出來，將內臟順勢拉出來。

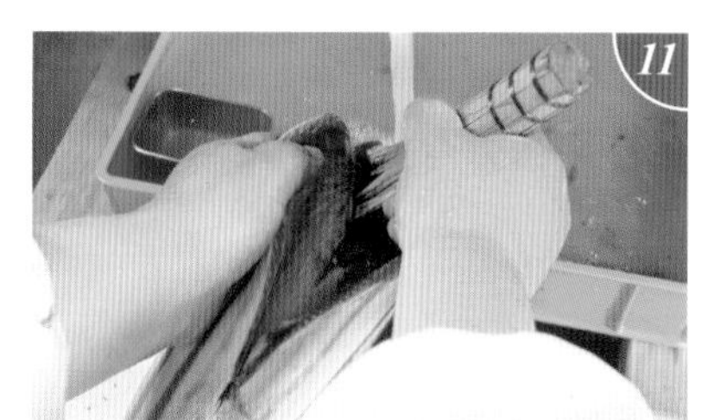

用清水沖洗肚子內部。使用竹刷子，刮除細部的血合肉等污垢，清理乾淨。

切下身肉

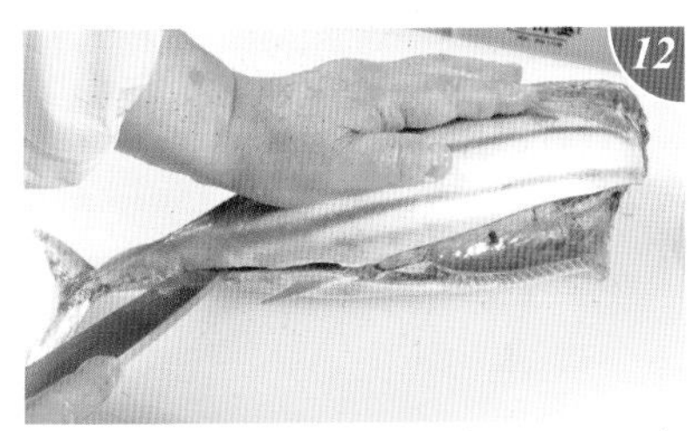

將頭朝右邊，腹部朝向自己，沿著中骨下刀，一口氣切到尾巴根部。

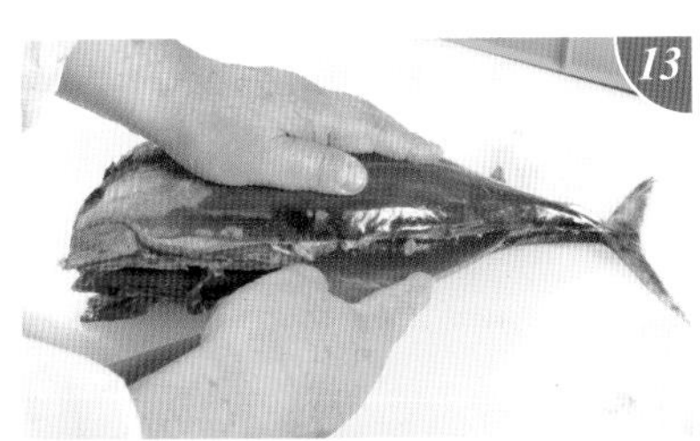

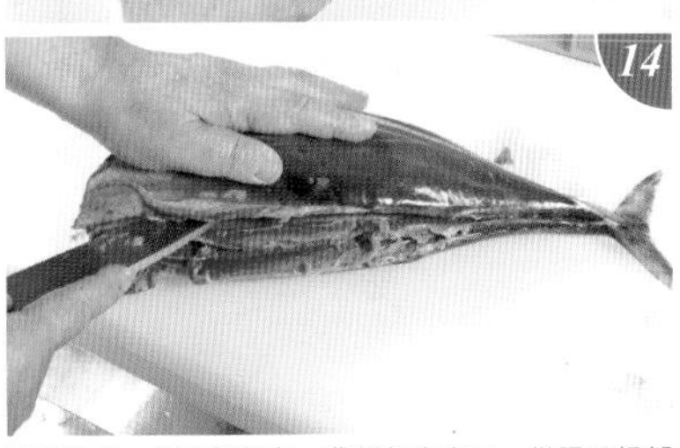

翻轉魚身，使頭部朝左，背部朝向自己。從尾巴根部以橫放菜刀的方式下刀，沿著中骨切開，切到菜刀碰到中央較粗骨頭處為止。

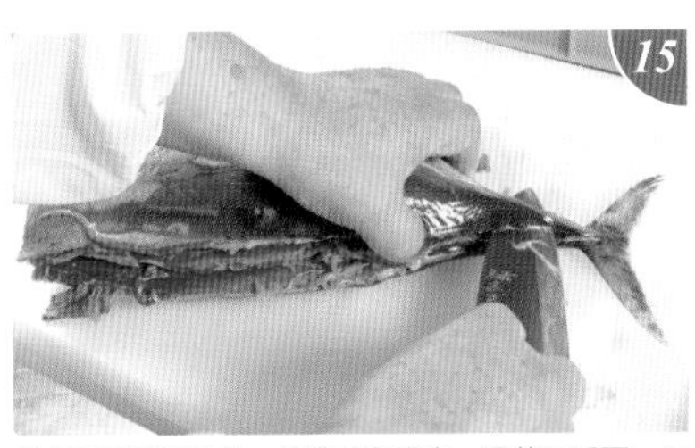

將魚頭根部切除後，將菜刀翻過來，用菜刀反面一口氣切到尾巴根部。

16

用左手抓住尾巴，將魚舉起來，從尾巴根部下刀，不需用力，利用菜刀的重量，往下朝頭部切。切斷尾巴根部。

17

切上身肉

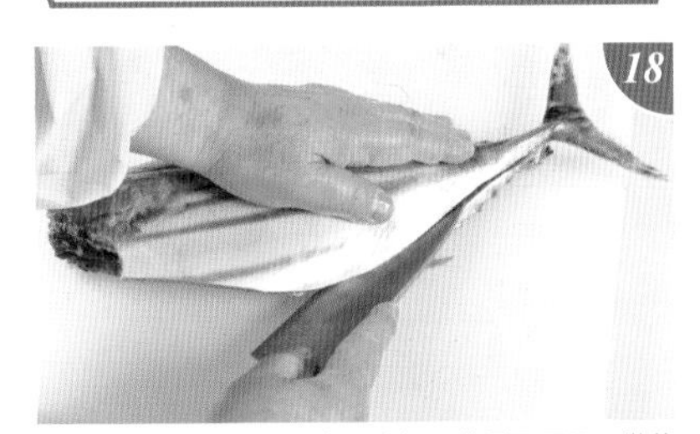

將頭部朝左，腹部朝向自己放好，從尾巴下刀，沿著中骨一口氣切下來。

將上身切開後，切斷尾巴根部。

縱切成兩半

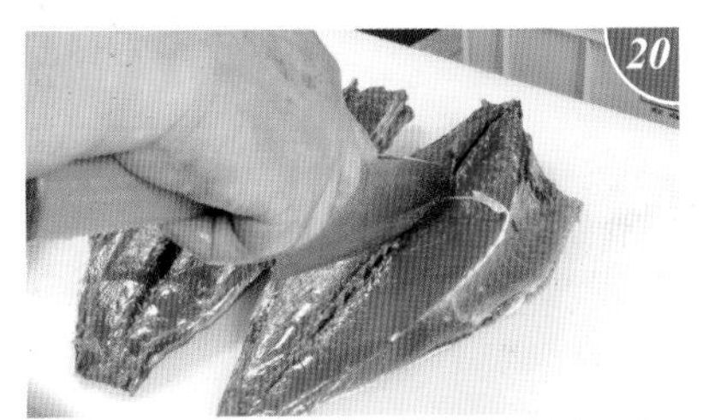

以刀尖從身體的中央下刀，往自己的方向畫一道刀口，小心不要讓魚肉碎裂。

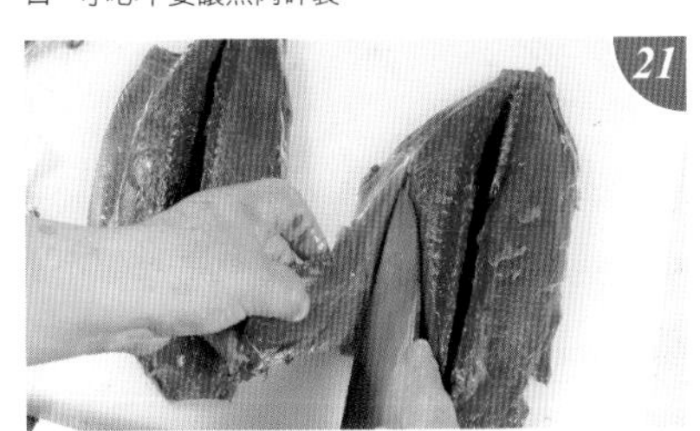

斜向橫放菜刀，削除腹骨。

23

從身體中央的刀口下刀，分成兩塊，切除中骨與血合肉。

節切法後的鰹魚。分為上身背肉與腹肉，下身背肉與腹肉，中骨。

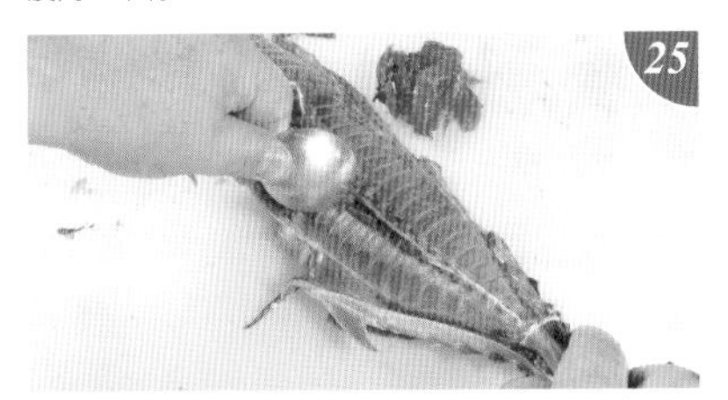

用湯匙將中骨上的肉刮下來。這是鰹魚碎肉，也是很受歡迎的一道菜。

水針魚的切法

水針魚的特徵是魚體細長、閃耀著銀色光輝，但是切開腹部後卻呈黑色。將內部的黑膜清乾淨，就是處理水針魚的關鍵。這種切法稱為大名切法。

切除頭部，清除內臟

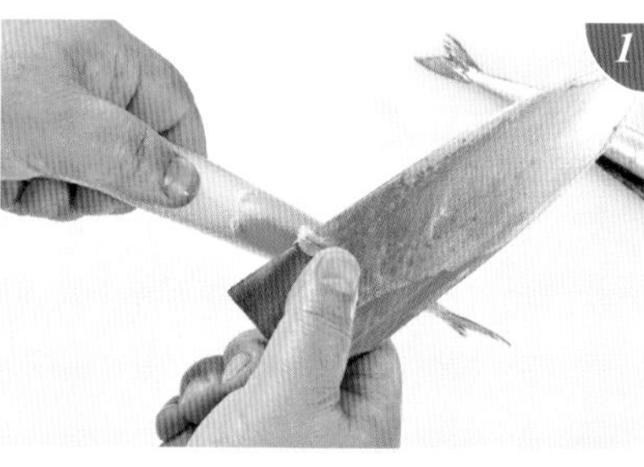
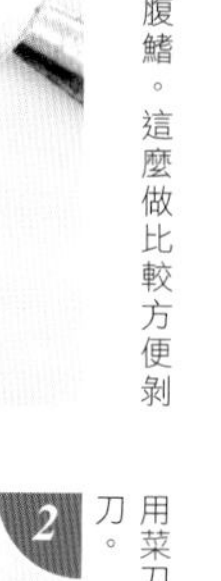

1 先削除腹鰭。這麼做比較方便剝皮。

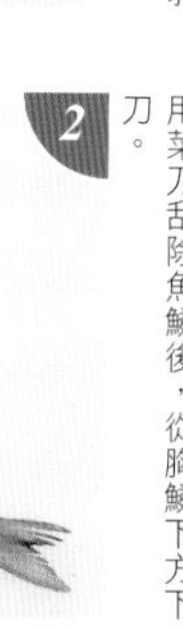

2 用菜刀刮除魚鱗後，從胸鰭下方下刀。

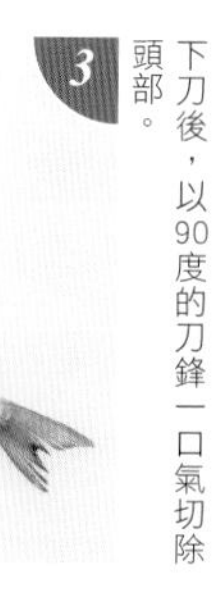
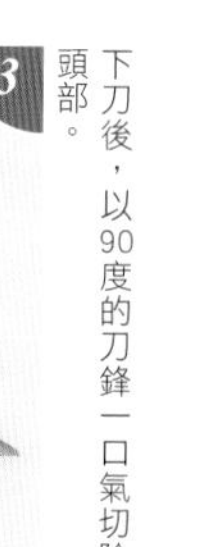

3 下刀後，以90度的刀鋒一口氣切除頭部。

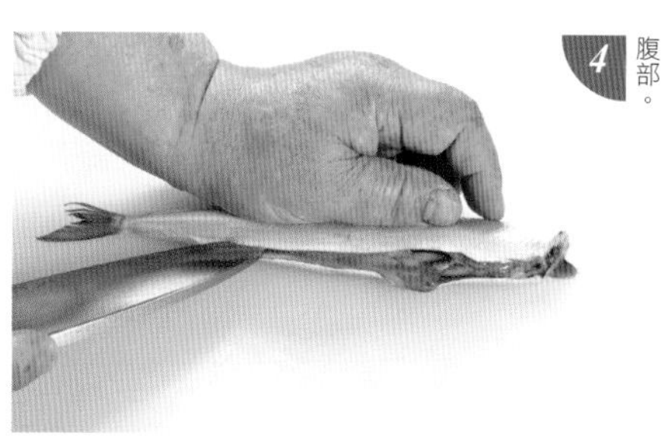

4 橫放菜刀，從頭部切到尾部，切開腹部。

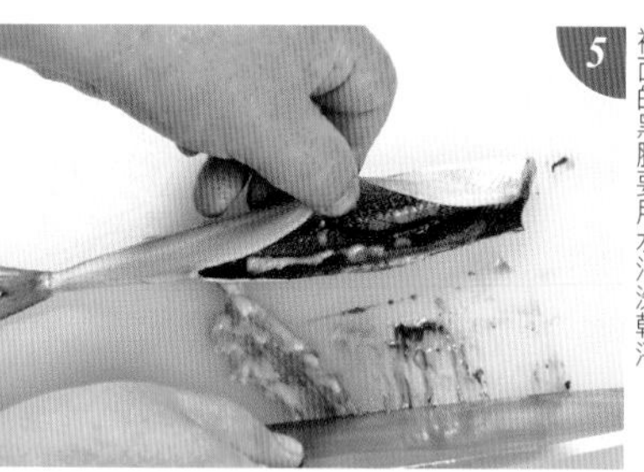

5 拉出內臟，用菜刀按住再拉出來。裡面的黑膜要用水沖洗乾淨。

切成三片

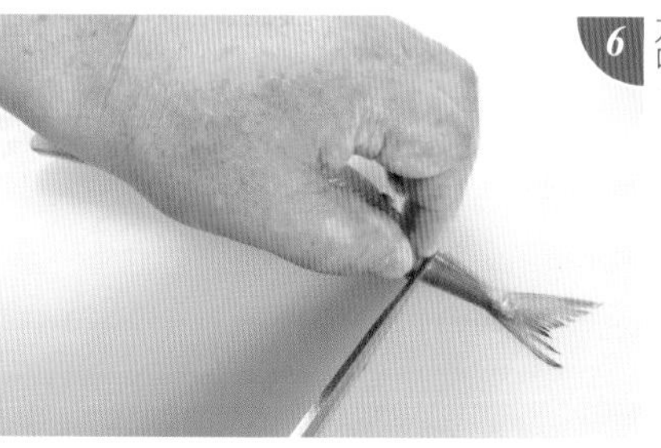

6 用菜刀的刀刃，在尾巴根部畫一道刀口。

7 橫放菜刀，從頭的根部下刀，沿著中骨，朝尾巴的方向一口氣切開。

8 橫放菜刀，削除腹骨。

拉下魚皮

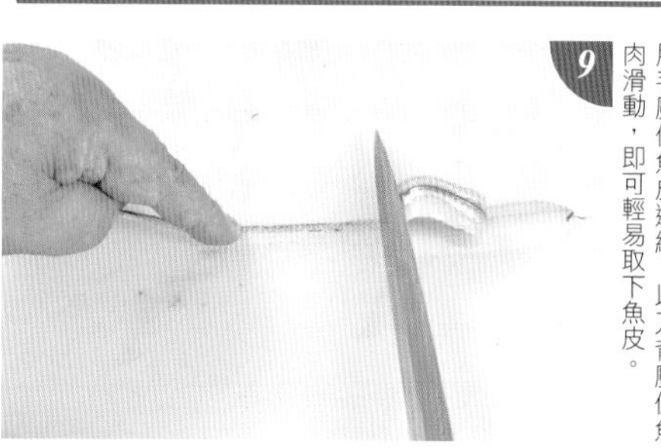

9 用手壓住魚皮邊緣，以刀背壓住魚肉滑動，即可輕易取下魚皮。

虎魚的切法

虎魚背鰭的刺上有劇毒，所以處理時要特別小心。另一方面，它的肝是人間美味，取出時請小心不要壓碎。

如果被背鰭的刺刺傷的話，手會腫起來，並且還有劇烈疼痛的症狀。請抓住魚頭兩側，小心不要被刺到。

切除背鰭

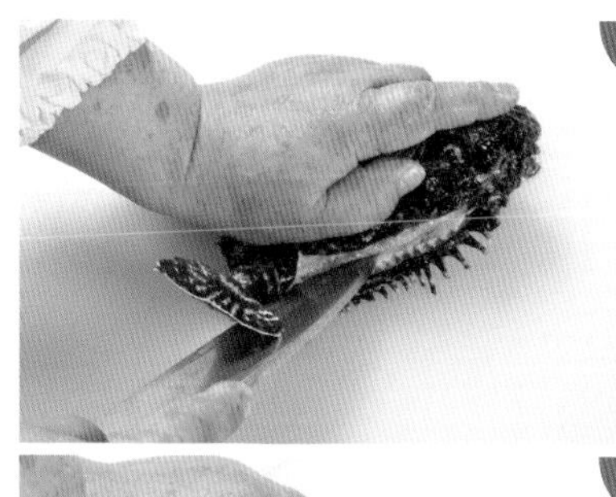

1 2 首先要先切下有毒的背鰭。壓住魚身，避免虎魚跳動，在背鰭畫一道刀口。翻過來，用同樣的方式畫刀口，畫出V字形的刀口。

3 用菜刀壓住背鰭，抓往尾巴，將魚往上拉，切除背鰭。

4 切除背鰭後，魚還是活的。

去除內臟

5 6 從鰓蓋刺入刀尖，切下根部，將腹部朝上，切下喉嚨與鰓蓋的根部。薄膜也要切開。

7 打開鰓蓋，用手拉住胃，拉出來。

8 橫放菜刀，小心不要傷到內臟，將腹部切開。

9 拉出內臟，小心不要壓碎。

10

肝、腸、胃、膽囊等內臟，已經切完的帶頭虎魚。除了膽囊之外，內臟都是可以上桌的珍饈。

剝皮魚的切法

剝皮魚的特徵是表皮堅硬。因為烹調時必須徒手剝皮，所以稱為「剝皮魚」。它的肝臟很好吃，切的時候小心不要壓碎了。

用手剝除魚皮

1 從嘴巴開始剝皮，先將嘴巴尖端切下來。

2 切下硬角，順勢一口氣將背鰭切下來。

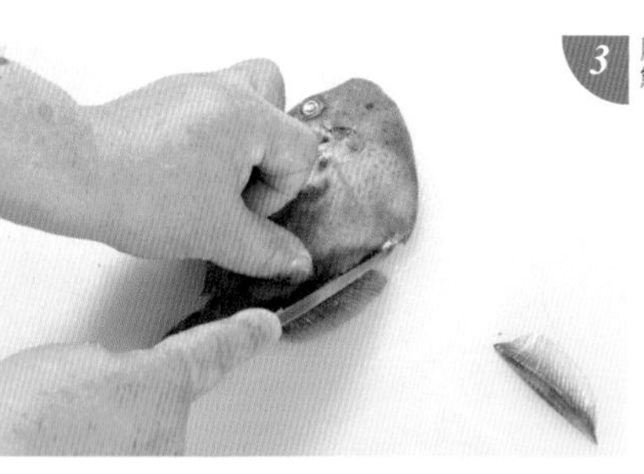

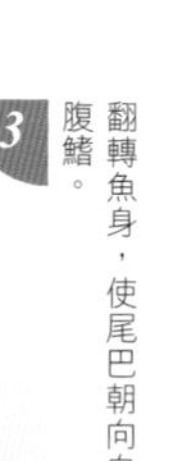

3 翻轉魚身，使尾巴朝向自己，切下腹鰭。

4 用刀鋒在腹部的硬骨上畫刀口。

5 用菜刀壓住，直接拉魚，去除堅硬的部分。

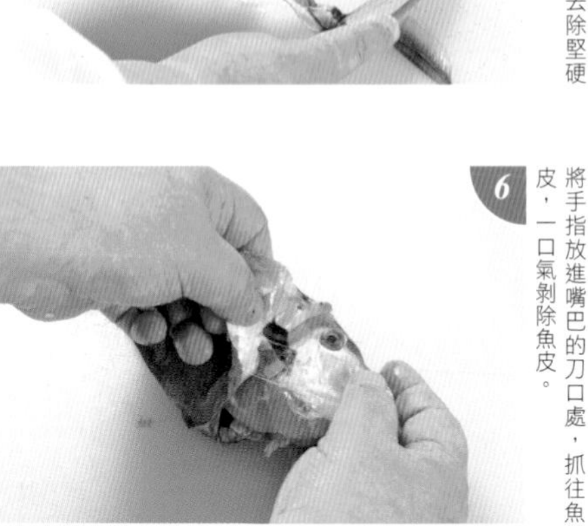

6 將手指放進嘴巴的刀口處，抓往魚皮，一口氣剝除魚皮。

切除魚鰓與眼睛

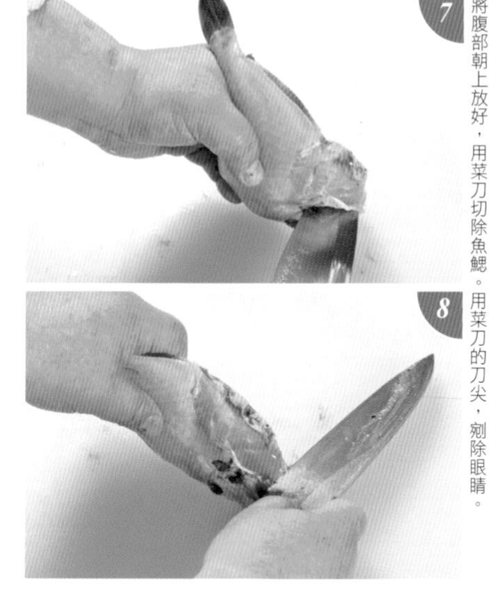

7 將腹部朝上放好，用菜刀切除魚鰓。

8 用菜刀的刀尖，剜除眼睛。

小心取下肝臟

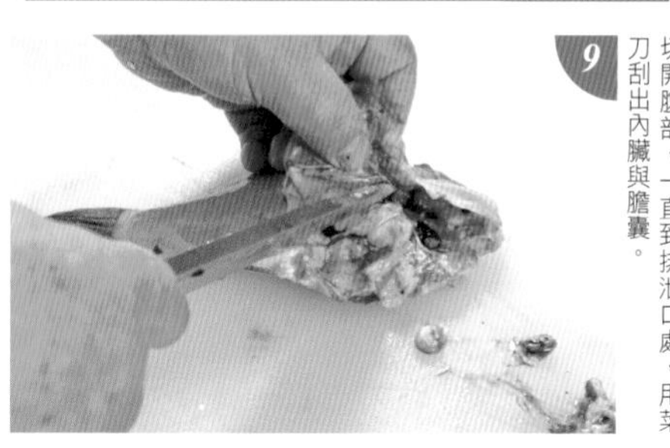

9 切開腹部，一直到排泄口處，用菜刀刮出內臟與膽囊。

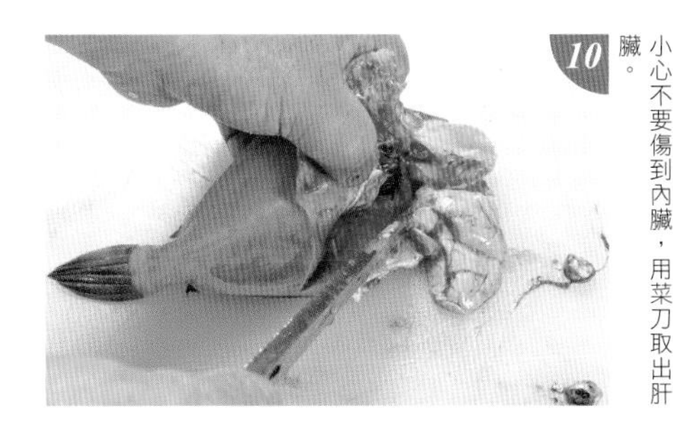

10 小心不要傷到內臟，用菜刀取出肝臟。

切下身肉

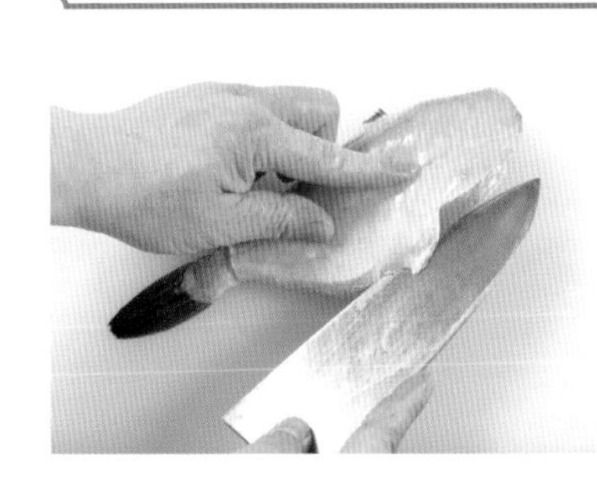

11 切除魚頭，切成三片。從排泄口處入刀，一直伸到刀鋒的中央處，切至尾巴處。

12

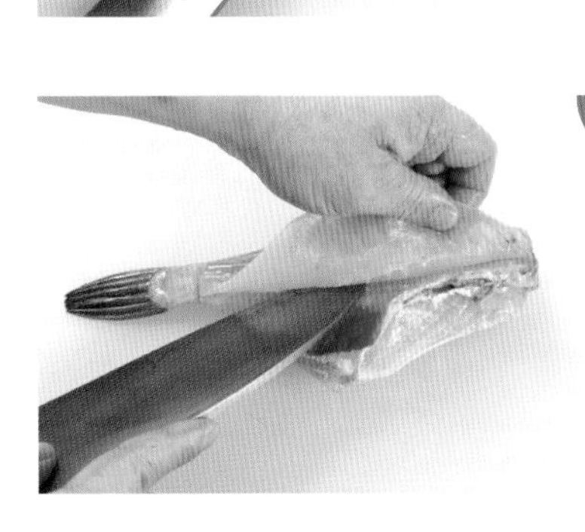

13 將魚肉掀起來，同時沿著中骨下刀，慢慢切開。

14 切到背部後，一口氣切到尾巴處，切斷尾巴根部，切下下身。

切上身肉

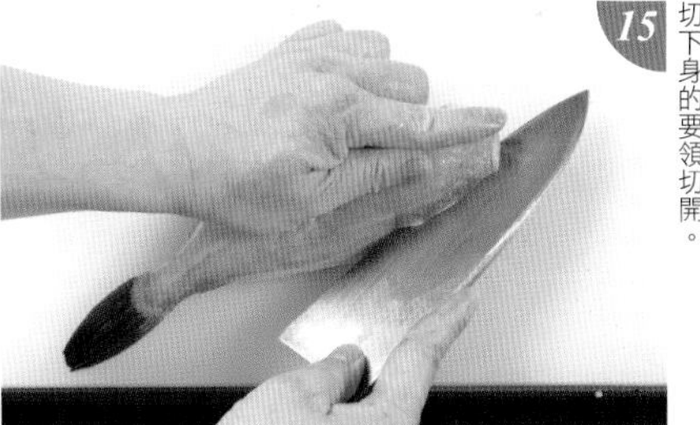

15 將魚翻過來，使背部朝向自己，用切下身的要領切開。

16 切到腹部之後，沿著中骨一口氣切開，切下上身。

17 最後用斜向下刀，將腹骨削乾淨。

關於馬面魚

有一種長得很像剝皮魚的魚，名為「馬面魚」。因為它的臉尖端比較長，看起來很像馬，所以以此命名。它的價格比剝皮魚便宜，用起來很方便。切片的方法、烹調方法與剝皮魚相同。

海鰻的切法

海鰻的小骨很多，重點在於是否能做好切骨的工作。片魚的時候，注意魚肉不要沾到血，儘可能將留在魚皮上的小骨切碎。

去除內臟

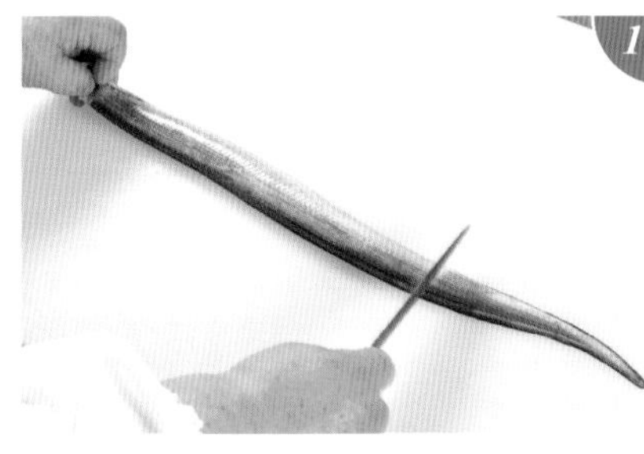

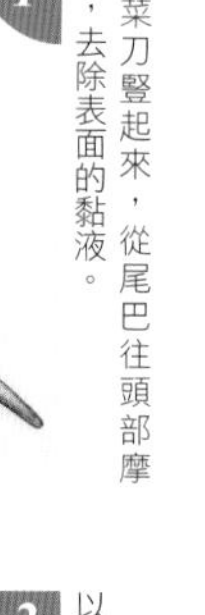

1 將菜刀豎起來，從尾巴往頭部摩擦，去除表面的黏液。

2 以刀尖畫入排泄口，用菜刀反面一直切到頭的根部。

3

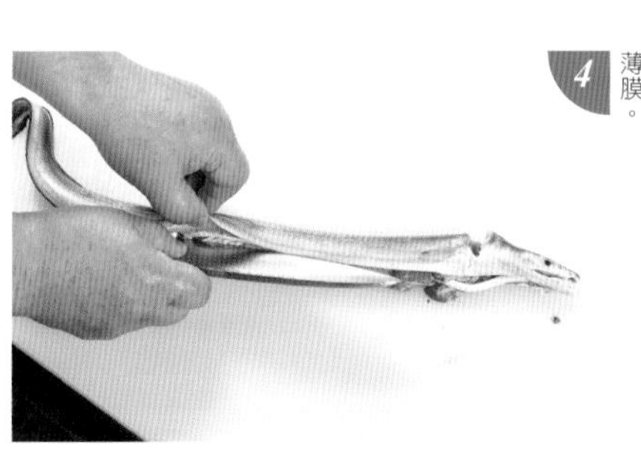

4 一邊將魚肉往上掀起，一邊將菜刀從頭切到尾巴，切開與內臟連接的薄膜。

5 拉出內臟，小心不要使內臟損傷。用刀顎壓住後拉出來，接下來用清水沖洗。

6 取出的肝、白子、魚鰾、膽囊。

用錐子固定後切開腹部

7 用錐子固定眼睛，以菜刀的刀背敲進砧板。

8 從頭部下刀，將刀尖稍微豎起，沿著正中央三角形的骨頭形狀，往前切開。

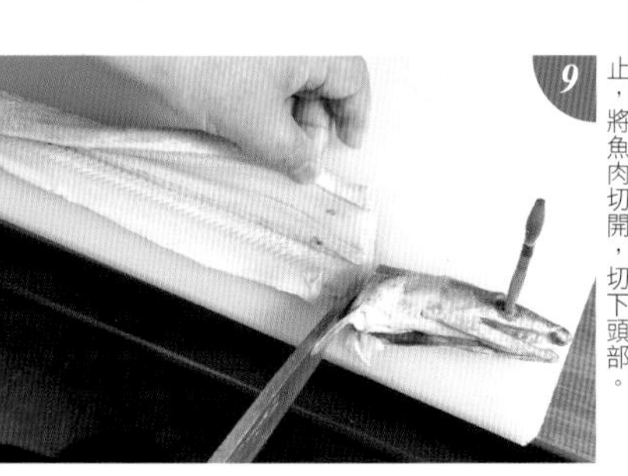

9 一直切到快要切斷背上的魚皮為止，將魚肉切開，切下頭部。

切除中骨

將魚皮那一面朝上，以錐子固定尾巴。橫放菜刀，從尾巴開始切起，用手壓住上面，沿著中骨往下切。

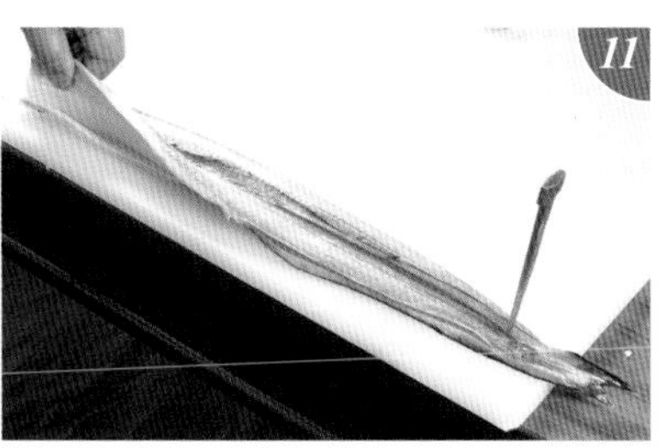

將魚肉往上掀起，沿著中骨切開。

將菜刀豎起來，沿著正中央的中骨切開，取下中骨。

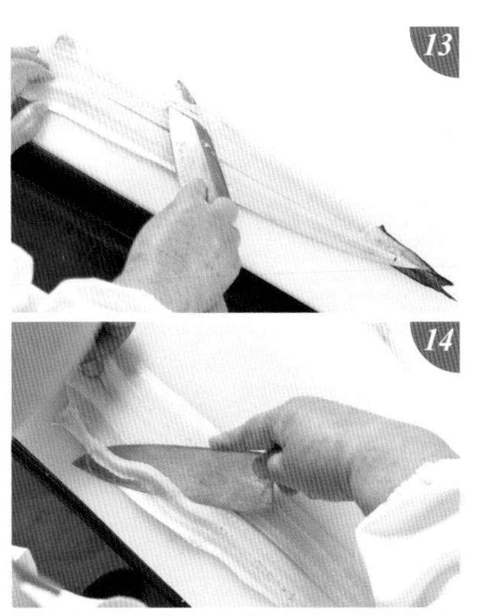

橫放菜刀，用菜刀反面削除腹骨。另一邊的腹骨，朝自己的方向拉，同時削除。

去除背鰭

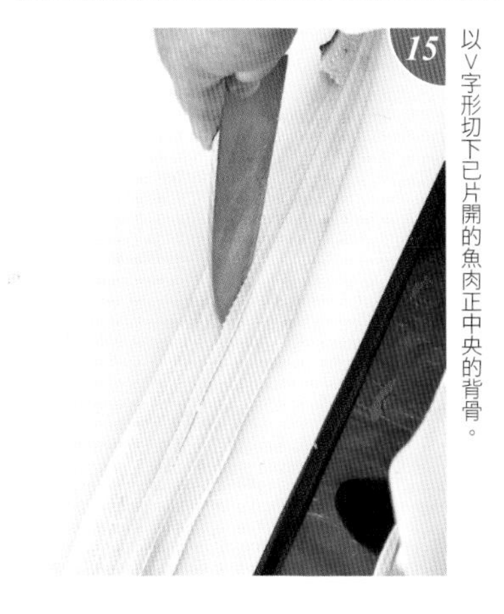

以V字形切下已片開的魚肉正中央的背骨。

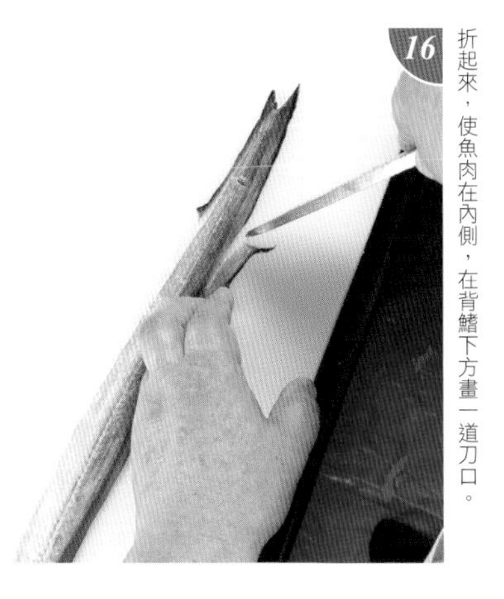

折起來，使魚肉在內側，在背鰭下方畫一道刀口。

用菜刀的刀顎壓住背鰭，用拉扯的方式取下。

切骨

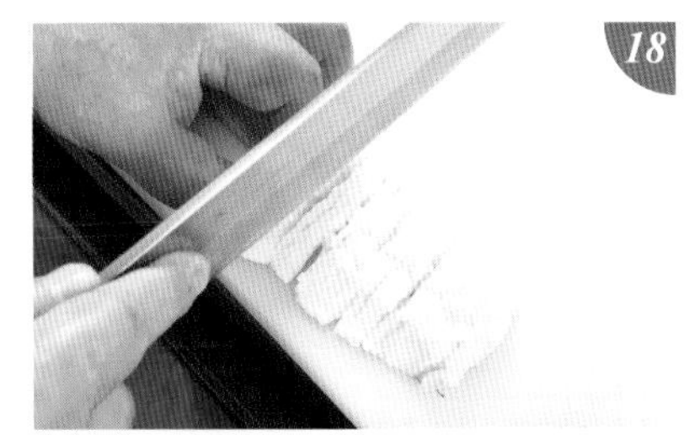

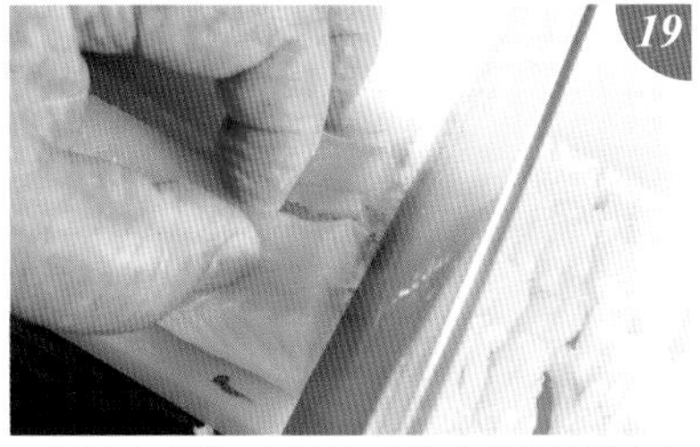

將切骨切刀稍微往左邊倒，以往前壓後彈起來的動作，只留下一張魚皮的感覺，將魚肉與小骨切碎。

切骨後，切成方便食用的大小。

星鰻的切法

星鰻的切法分為「背開法」與「腹開法」。本處要解說的是可以將內臟清乾淨，容易製成生魚片的「腹開法」。

用錐子固定後切開腹部

1

2

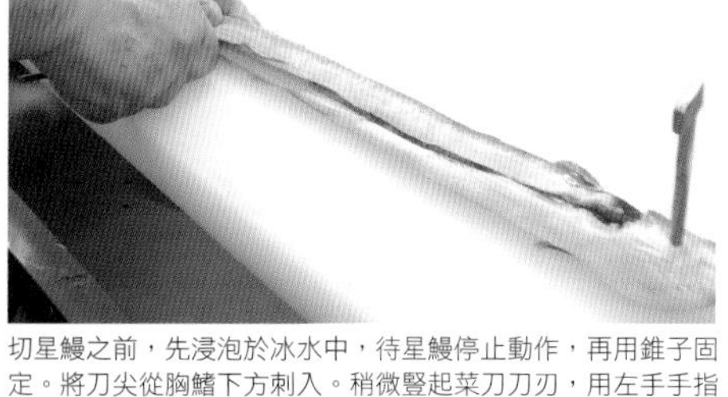

切星鰻之前，先浸泡於冰水中，待星鰻停止動作，再用錐子固定。將刀尖從胸鰭下方刺入。稍微豎起菜刀刀刃，用左手手指沿著魚皮上方，菜刀沿著中骨一直切到尾巴處，切開腹部。

取出內臟

3

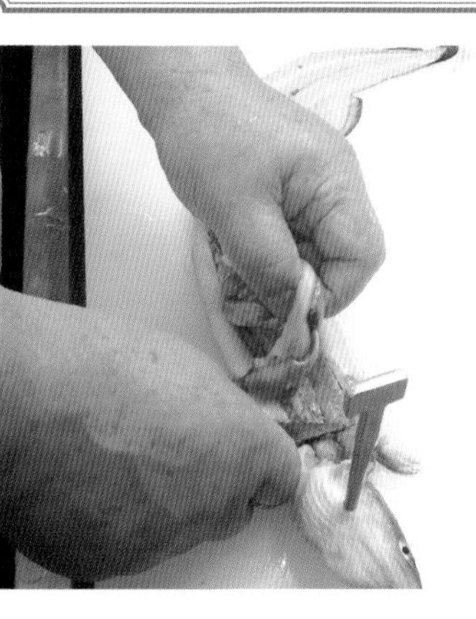

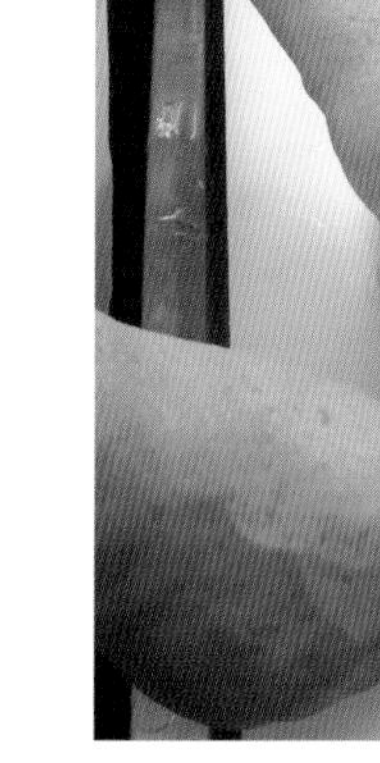

以橫放菜刀的方式下刀，用左手抓住肝或胃等內臟，從頭往尾巴削下來。接下來將血合肉等污垢擦乾淨。

切除中骨與背鰭

4

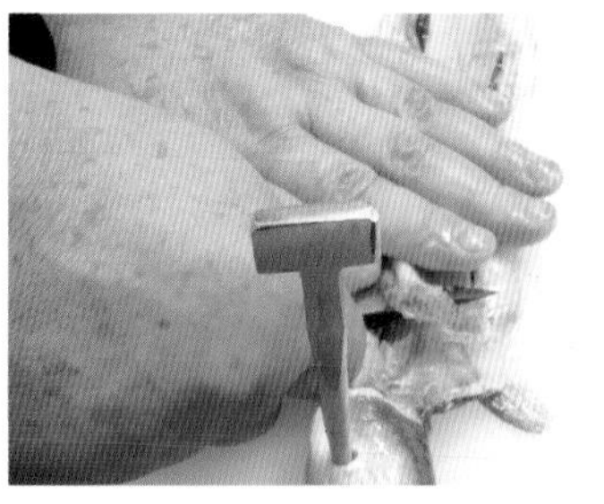

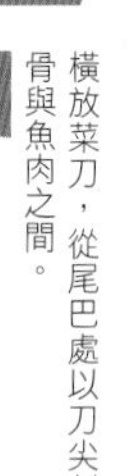

橫放菜刀，從尾巴處以刀尖刺入中骨與魚肉之間。

5

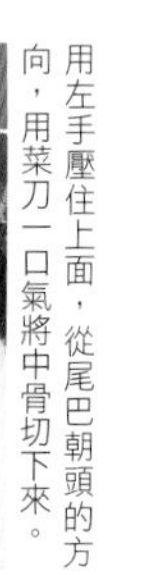

用左手壓住上面，從尾巴朝頭的方向，用菜刀一口氣將中骨切下來。

6

切下胸鰭下方的部分，切下魚肉。

7

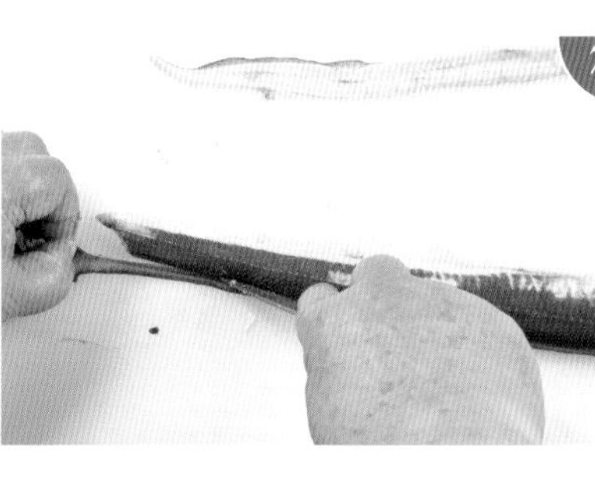

將切下的魚肉往內折起，切除背鰭。

8

帆立貝的切法

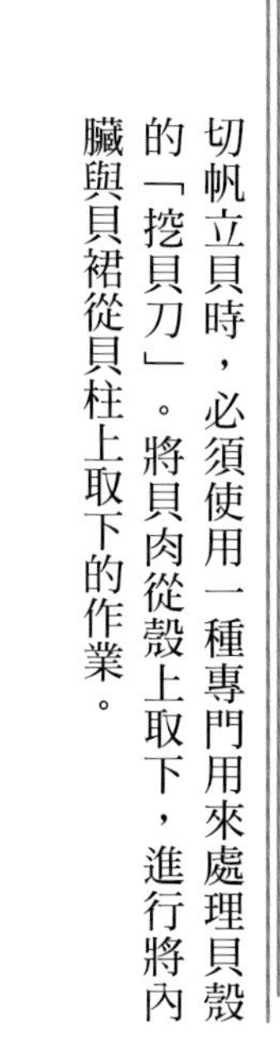

切帆立貝時，必須使用一種專門用來處理貝殼的「挖貝刀」。將貝肉從殼上取下，進行將內臟與貝裙從貝柱上取下的作業。

取下貝殼

1 將貝殼平坦的那一面朝下，將挖貝刀插進貝柱下方，切開貝柱。

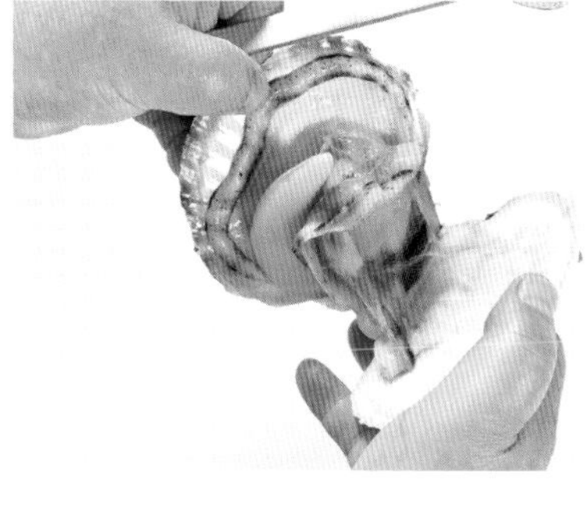

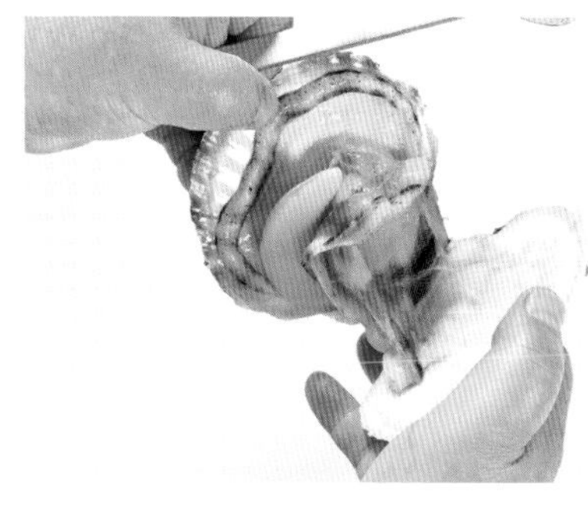

2 用手打開貝殼，將貝殼從貝殼中取出。

3 將挖貝刀插入另一邊貝殼，將貝肉完全切離。

切開貝裙與內臟

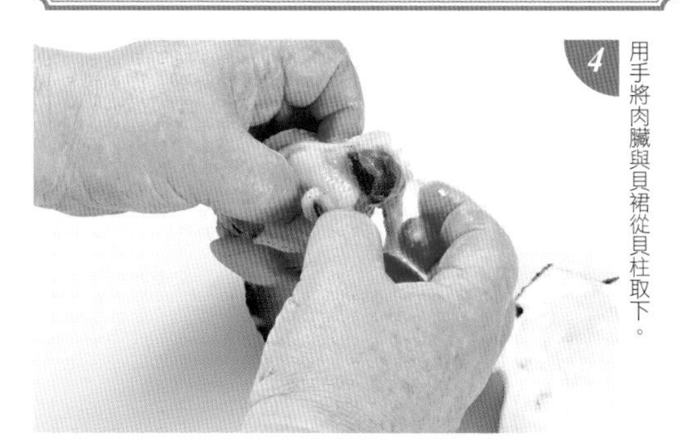

4 用手將肉臟與貝裙從貝柱取下。

5

右邊的殼是貝柱，左邊殼上是肉臟與貝裙。

花枝的切法

花枝分為日本赤魷、透抽等「管魷目」，以及烏賊、擬目烏賊等「烏賊目」。它們在切法上有所不同。

劍尖槍烏賊（真鎖管）

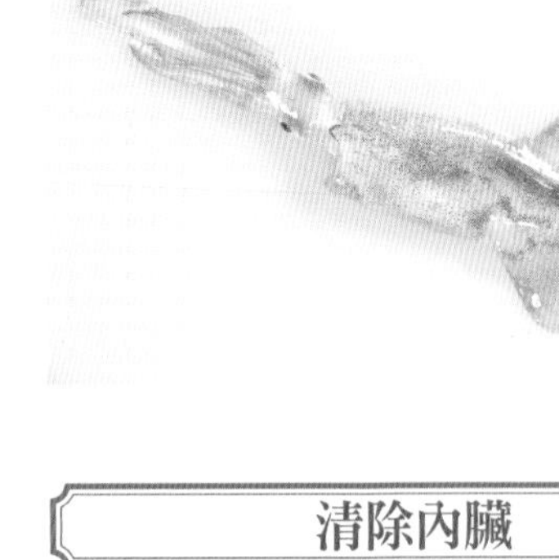

清除內臟

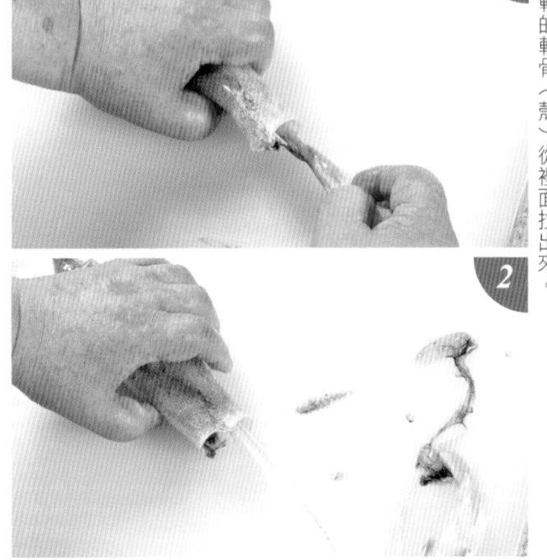

1 用左手壓住身體根部，一口氣將腳連同內臟一起抽出來。將又薄又柔軟的軟骨（殼）從裡面拉出來。

2

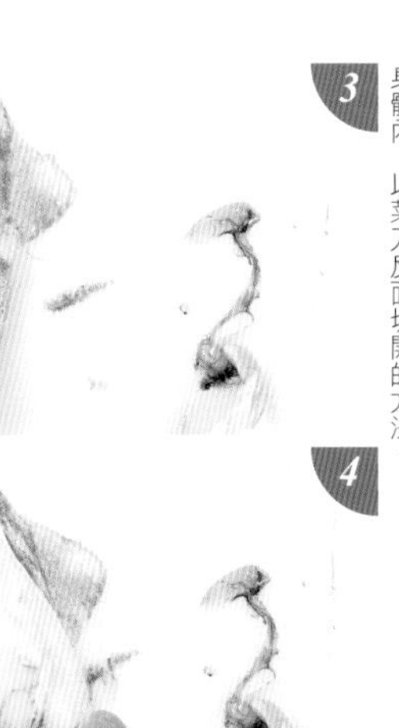

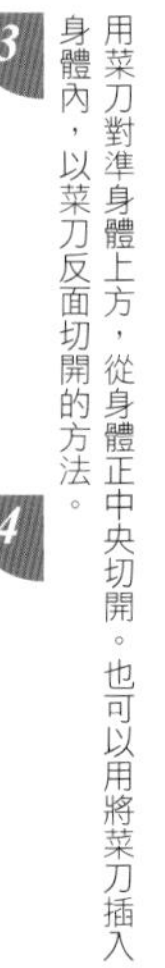

3 用菜刀對準身體上方，從身體正中央切開。也可以用將菜刀插入身體內，以菜刀反面切開的方法。

4

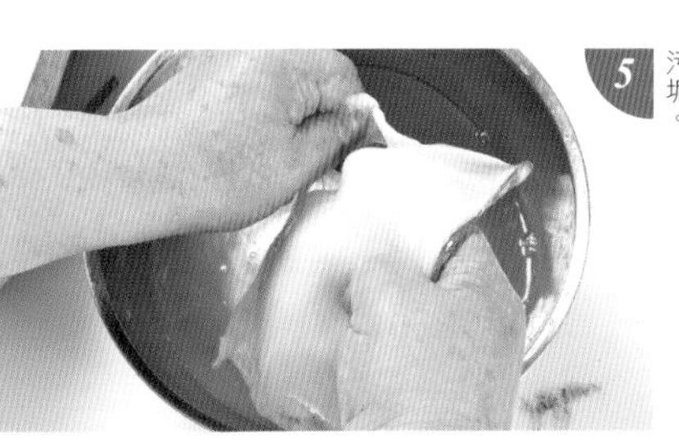

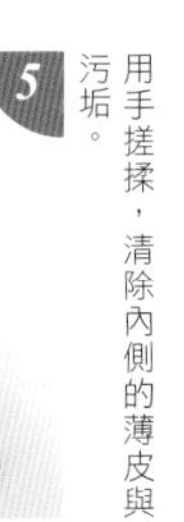

5 用手搓揉，清除內側的薄皮與污垢。

剝除外皮

6 將手指插入肉鰭處的皮與肉之間，剝除表皮。

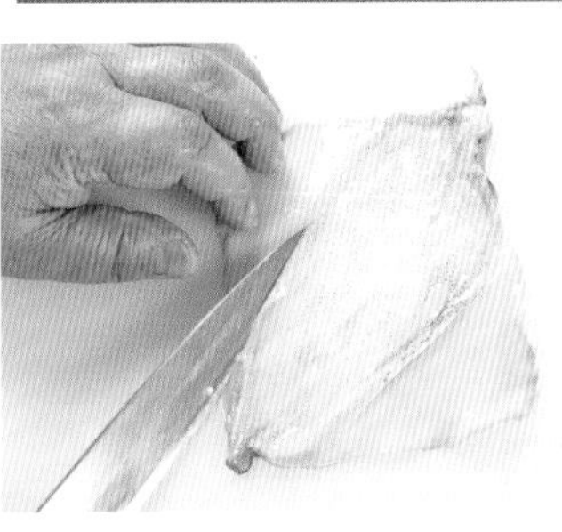

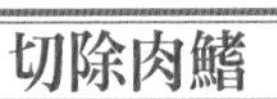

7 剝到某個程度後，一口氣扯下，將皮剝乾淨。

切除肉鰭

8 將外側朝上放好，沿著身體切除肉鰭。

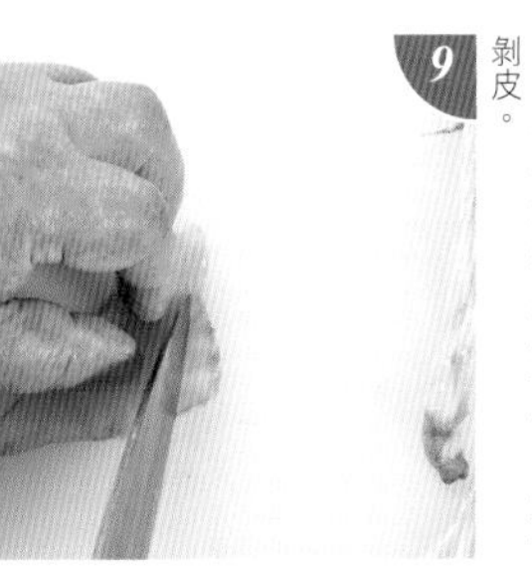

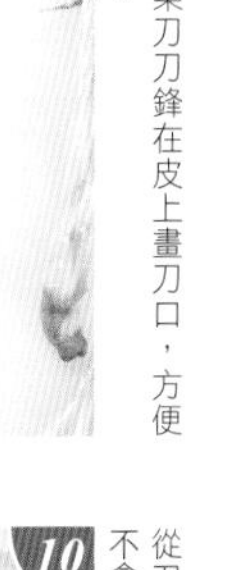

9 先用菜刀刀鋒在皮上畫刀口，方便剝皮。

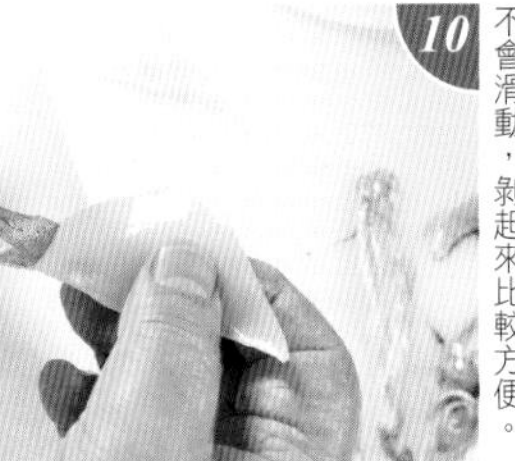

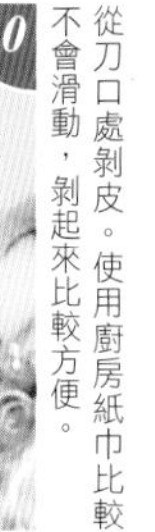

10 從刀口處剝皮。使用廚房紙巾比較不會滑動，剝起來比較方便。

烏賊

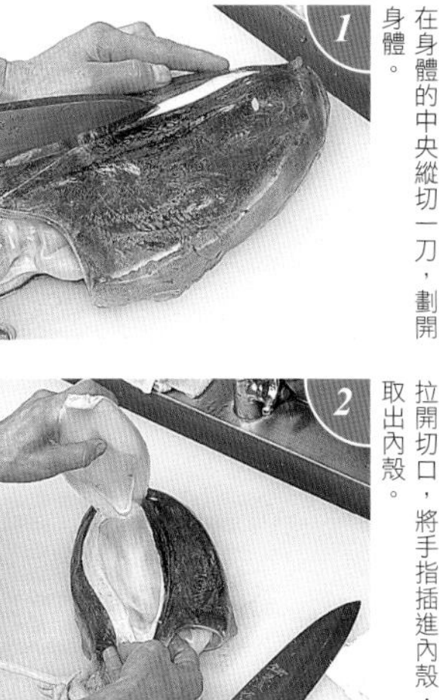

1 在身體的中央縱切一刀，劃開身體。

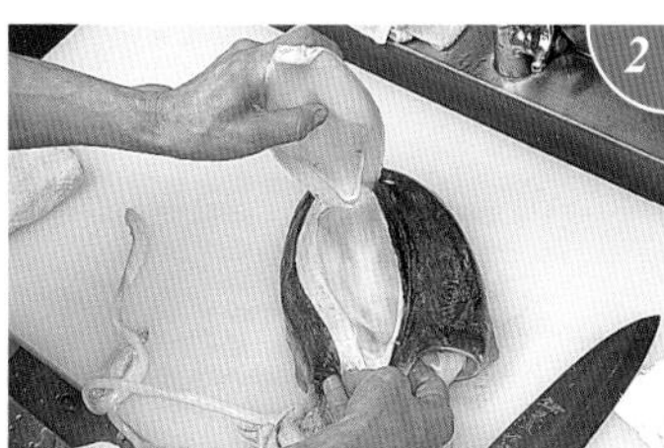

2 拉開切口，將手指插進內殼，取出內殼。

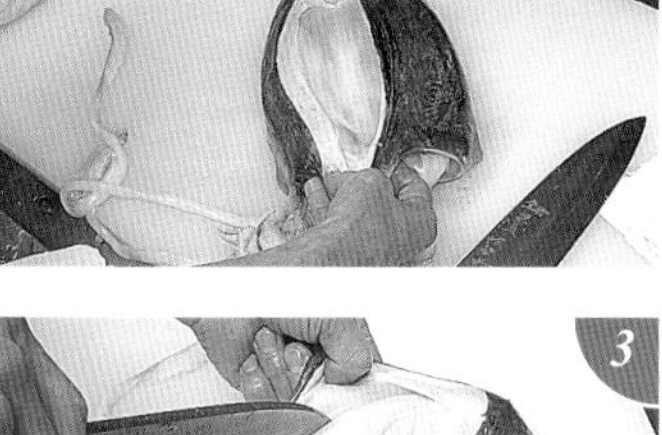

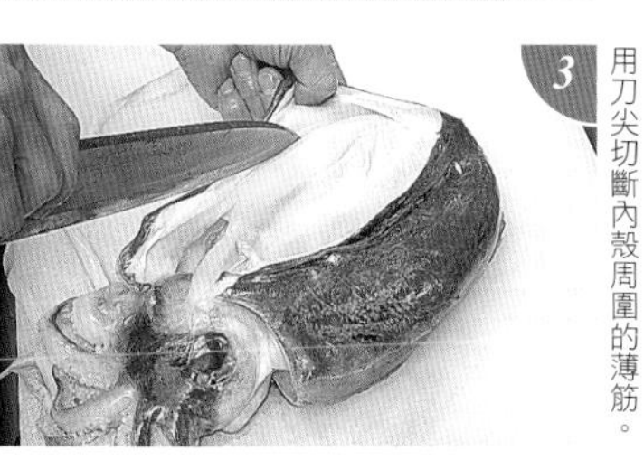

3 用刀尖切斷內殼周圍的薄筋。

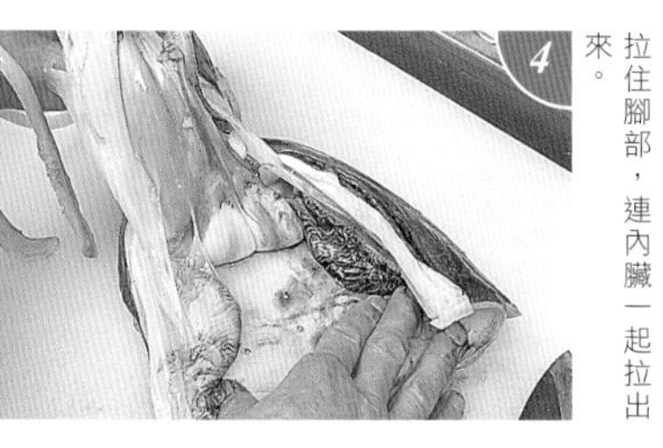

4 拉住腳部，連內臟一起拉出來。

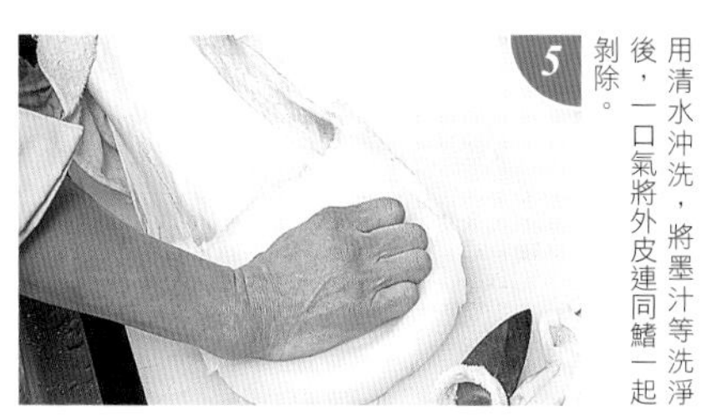

5 用清水沖洗，將墨汁等洗淨後，一口氣將外皮連同鰭一起剝除。

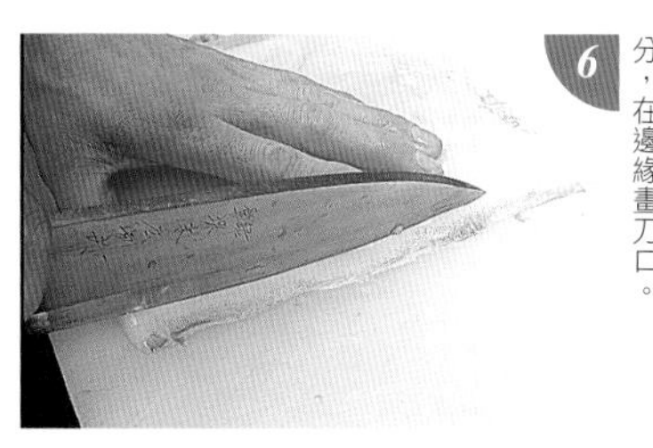

6 切除身體左右兩側較硬的部分，在邊緣畫刀口。

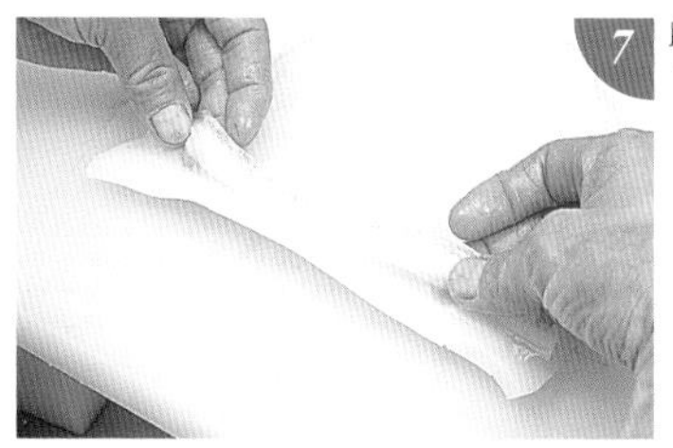

7 從刀口處剝下薄皮。如果不容易剝除的話，可以使用毛巾輔助。

刮除黏液

11 用菜刀輕輕地刮除身體內側的黏液。外側也用同樣的方法刮除。

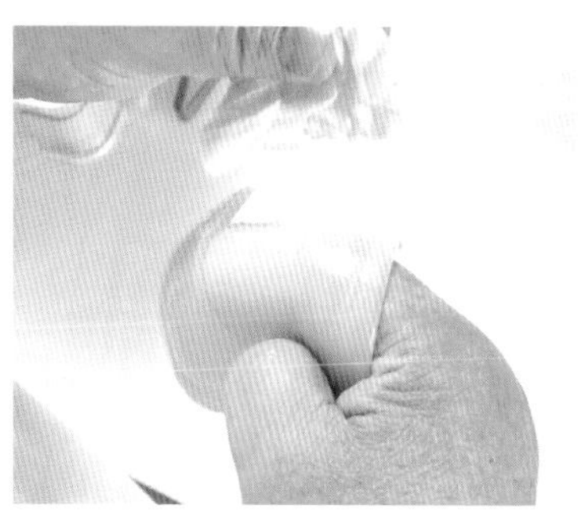

12 接下來使用毛巾，將內側的薄皮刮乾淨。

13 最後將身體與鰭的邊緣切至平整。

清潔花枝腳

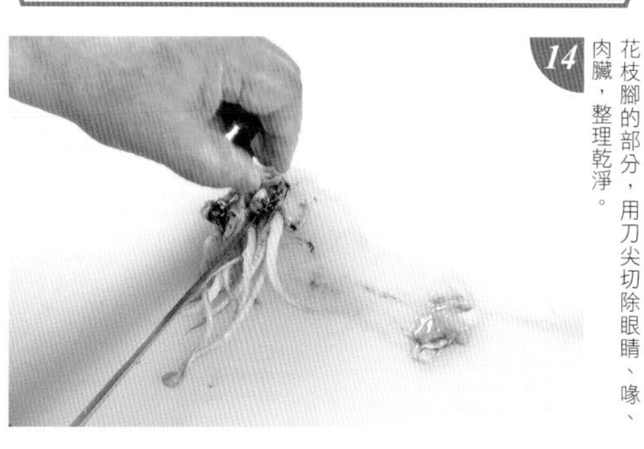

14 花枝腳的部分，用刀尖切除眼睛、喙、肉臟，整理乾淨。

螃蟹的切法

螃蟹的身體也有肉，尤其是蟹腳的部分，製成生魚片非常可口，外形也很漂亮。處理螃蟹的重點在於將皮殼削成方便食用的形狀，取出蟹肉。

削去外殼，拉出蟹肉

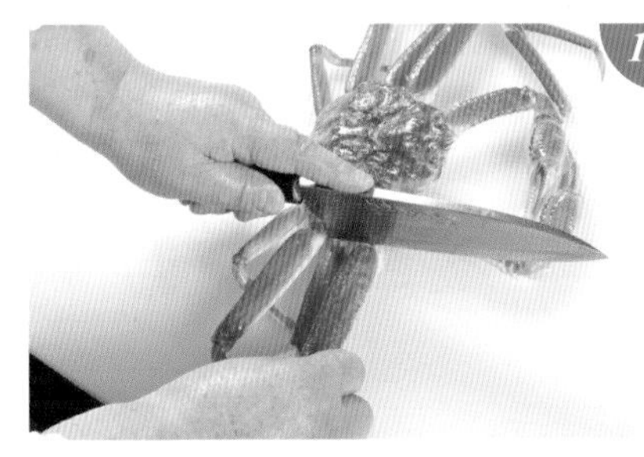

1 用菜刀的刀顎部分，切下蟹腳根部，將腳從身體上切下來。

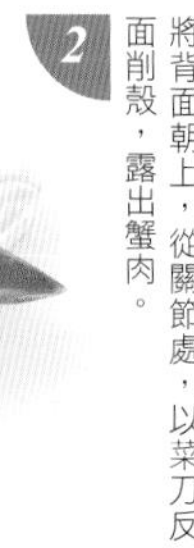
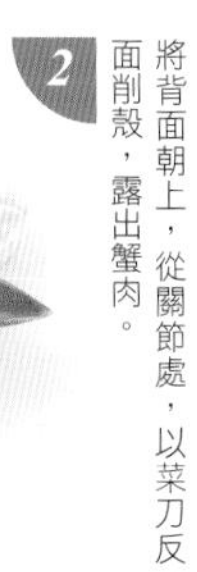

2 將背面朝上，從關節處，以菜刀反面削殼，露出蟹肉。

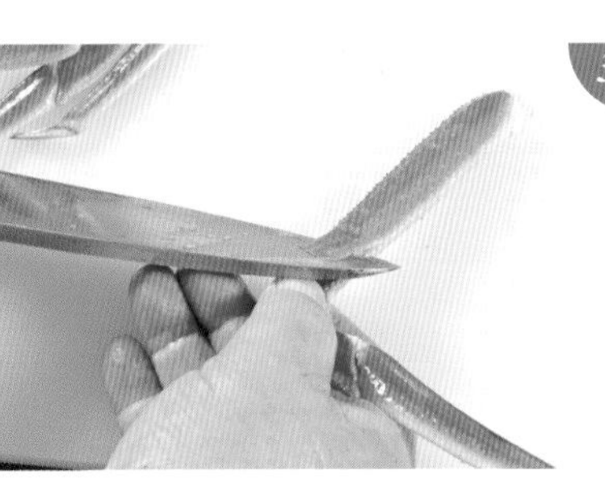

3 用菜刀在正面關節處畫刀口，將腳往外彎。

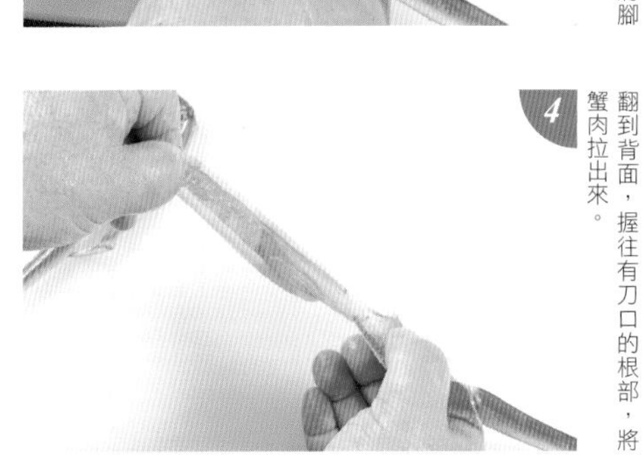

4 翻到背面，握住有刀口的根部，將蟹肉拉出來。

燙成花形

5 將熱水煮沸，將蟹肉部分泡在熱水裡幾秒鐘，拉起來。

6 浸泡於冰水裡，肉身將會變成開花似的形狀。拉起來後盛盤。

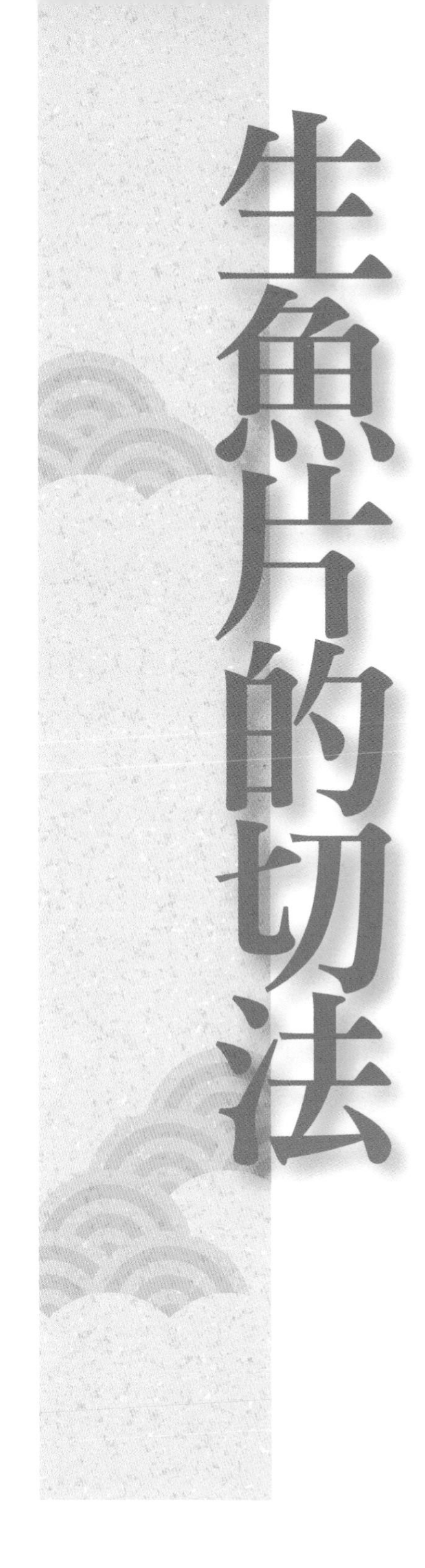

生魚片的切法

生魚片切法重點

用刀工帶出魚的原味，切出美味的生魚片

生魚片的美味，幾乎可說取決於菜刀的切工。使用新鮮的魚貝類素材當然可以完成美味的料理，但是只有菜刀技術可以引出它的原味。由於烹調步驟只靠簡單的切法，因此這道料理對於刀工的要求可說是最嚴苛的。

為了展現生魚片的新鮮度，必須切出切口平滑順暢，邊角挺立的魚片。當然，我們必須使用保養得當的生魚片切刀。生魚片切刀的特徵是刀身較窄，刀刃較薄，刀身比較長。最常用的是刀尖銳利，刀刃呈和緩曲線的柳刃切刀。

切生魚片的時候，基本上必須使用整個刀身的長度，一口氣迅速地拉刀。必須達到某種程度的速度，如果在切片時耗費太多時間，將會損及素材的新鮮度。肉質比較柔軟的魚類，如果慢慢切的話，比較容易造成魚肉碎裂。請學會用輕快的節奏，迅速切片的技術吧。

同一種魚貝類，如果使用不同的切法，也可以為生魚片的口感帶來變化。除了基本的拉刀切法、削切法、薄切法與細條切法之外，如果能再學會別出心裁的鳴門式切法、格子切法、樹葉形切法等等細膩的雕工，將使口感的變化更為豐富。

此外，我們也要視魚肉的狀態，改變切片的厚度，如此一來，生魚片會有不同的嚼勁，也比較方便食用，吃起來的味道也不一樣了。以鮪

魚為例，即使用相同的拉刀切法，脂肪肥美的肚肉會切薄一點，紅肉則會切得稍微厚一點。

考量盛盤 用高超的技巧切片

拉刀切法是最基本的切片法，這是以拉刀的方式切魚上身，將切下來的魚肉推到右邊的手法。首先，將菜刀的刀顎放在砧板的邊角，採取刀尖朝上的姿勢，接下來將菜刀往自己的方向拉。使用整個刀身拉切，拉完後以描繪弧度的方式，將刀顎往上拉，切完之後將刀尖豎起來，完全切開。直接將肉片往右邊推。

肉身緊緻的白肉魚，與其使用拉刀切法，不如使用將魚肉切成薄片的削切法或薄切法比較適合。削切法則是將菜刀往右側斜向下刀，輕輕壓住魚肉左邊，拉到刀尖為止。拉到刀尖之後，用左手捏住肉片，將菜刀豎起來，完全切開。切完之後，將魚肉重疊於左側。

薄切法適用於河豚或比目魚等肉身較硬的魚類，拿菜刀時，比削切法更斜，切成薄刀。彈力十足的花枝、鱈魚或水針魚等等細長狀的魚類，可以用刀尖在前方切成細絲，使用細條切法。切成生魚片後的邊緣部分，也可以切成細條切法，減少浪費。

製作生魚片的時候，必須先考慮盛盤容器或盛盤方式再下刀。包括襯托生魚片美味的綠葉與蘿蔔絲，都要事先決定形狀與色彩的平衡。生魚片最重要的就是新鮮度，如果盛盤時不知如何下手，恐怕會對新鮮度造成影響。尤其是薄切法，必須一邊切一邊盛盤。希望各位能夠學會包含盛盤在內的切片技術。

DVD Chapter 10

比目魚拉刀切法

拉刀切法是生魚片的基本切法。又稱為「平切法」。在砧板上以直角拉菜刀，切片時使用整個刀身，將切下來的魚肉往右邊推。

1

將魚皮朝上放好。下刀的時候，刀顎與砧板的邊角呈直角。

2

與砧板呈直角拉動菜刀，切片時，以舉起刀顎的方式移動。

3

使用整個刀身，一直拉到刀尖處，將魚肉切下來。

4

稍微將菜刀往右傾倒，將切下來的魚肉推到右邊。

DVD Chapter 09

比目魚削切法

一般來說，削切法是常用於白肉、肉質較硬魚類的切法。將菜刀斜放，切下來的生魚片比拉刀切法薄，寬度比較廣。

1

將魚皮朝下，從左邊開始切起。將左手輕輕靠在上面，以斜向下刀。

2

切片時，將菜刀一直拉到刀尖處。用左手感覺、測量厚度。

3

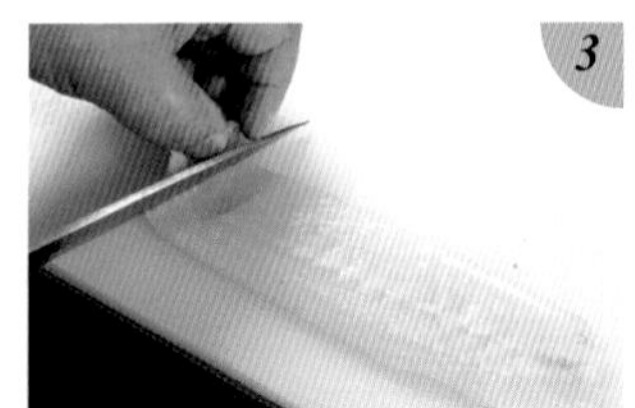

切完之後，用左手拿取魚肉，將菜刀刀鋒豎起來。

4

左手依然拿著魚肉，最後拉到刀尖，將魚肉切開。

比目魚薄切法

這種切法比削切法薄。盛盤時，是否能夠薄到看見盤子的圖案，端看切工的技術。切完之後，直接盛盤。

1

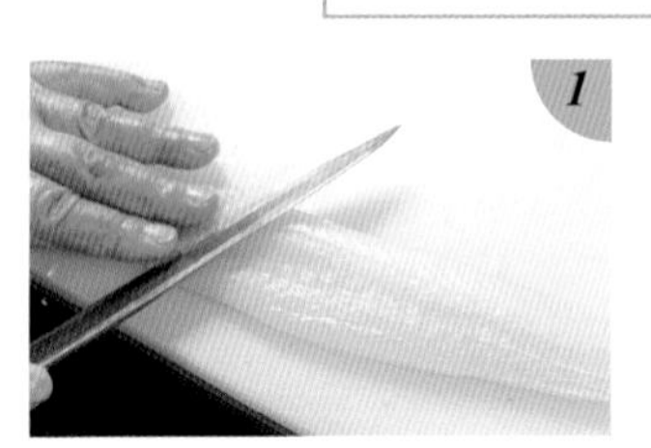

將菜刀橫放，用逐一剝切的方法，切成薄片。左手輕輕靠在上面。

2

使用整個菜刀來切片，將刀尖拉到自己的方向。

3

用左手拿取魚肉，以刀尖切斷。直接放在盤子上，進行盛裝。

※DVD裡的拉刀切法、削切法均使用鯛魚。

鯛魚格子切法

這是一種畫格子狀刀口的切片技巧，常用於肉身較厚、堅硬的魚貝類。畫出刀口後，比較方便食用，醬油也容易滲進其中。

1 將魚皮朝上放好，將菜刀往自己的方向拉，畫出斜向的刀口。

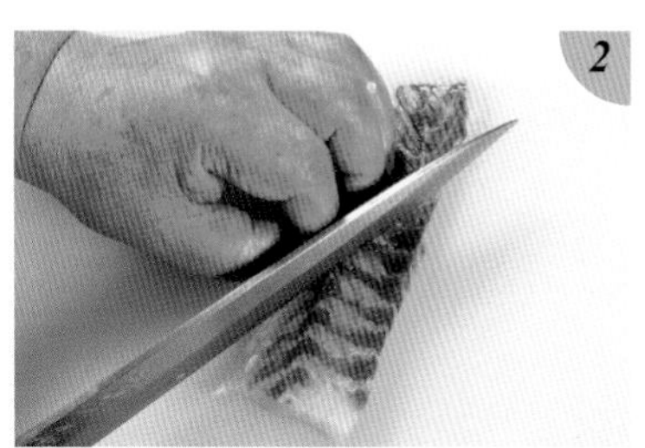

2 改變鯛魚的方向，切出格子狀，斜向拉菜刀，畫出刀口。

3 用拉刀切法或削切法，將魚肉切片。這張照片正在以拉刀切法切片。

鯛魚皮霜切法

鯛魚等魚類的魚皮雖然鮮美，但是卻很硬，這種時候就可以用此技法。用熱水燒淋魚皮後，再畫刀口，方便食用。也有燒烤魚皮的「燒霜切法」。

1 將切片魚肉的魚皮朝上放好，上面蓋一層漂白布，慢慢地淋上約80度的熱水。

2 待魚皮縮起來之後，迅速放入冰水當中冷卻。

3 取出後，用毛巾將水份充分擦乾。放在砧板上，在魚皮上縱向切出2、3道刀口。

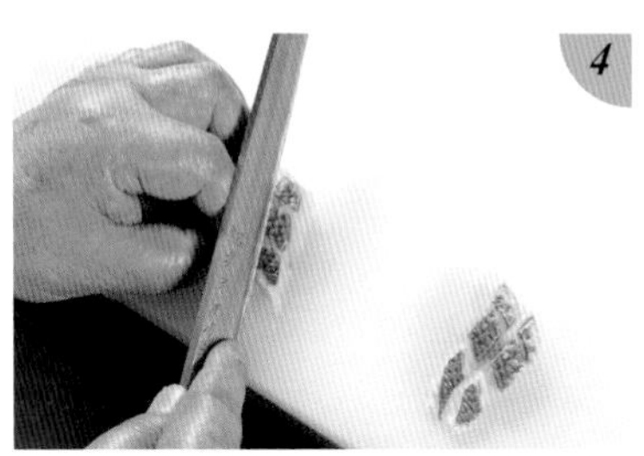

4 用拉刀切法，切片。盛盤時，刀口將呈現漂亮的花樣。

鯛魚花切法

以切好的肉片模擬花瓣，重疊在一起，排成花朵狀的精雕生魚片。美麗的外表，吸引客人的目光。除了鯛魚之外，比目魚、花枝或鮪魚也可以用這種方法。

1 將魚皮朝下放好，斜放菜刀，從左邊橫向以拉刀切法薄薄地切下魚肉。

2 將魚肉切成薄片後，將一片片稍微錯開，直向重疊排成一列。

3 用切成圓柱狀的小黃瓜模擬花芯，放在重疊後的生魚片最上方。

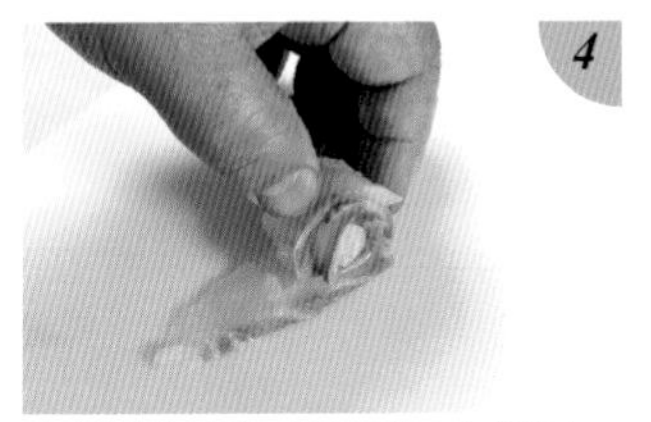

4 以捲花芯的感覺，朝自己的方向捲起來，上方稍微拉開。

也有一片片重疊的花切法

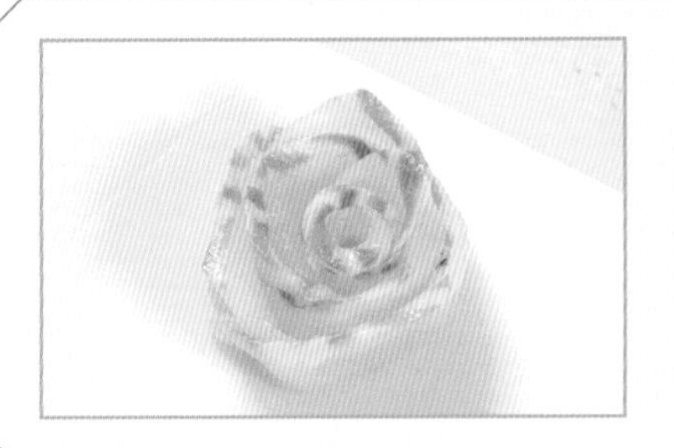

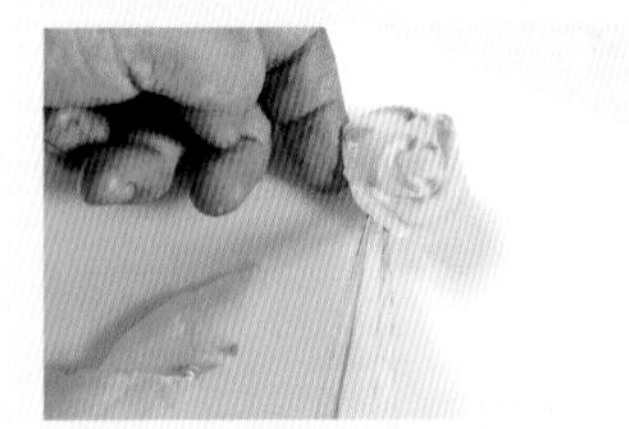

重疊一片片切成薄片的魚肉，製作外形的花切法。

鯛魚蝶切法

看起來像張開雙翅的蝴蝶，是一種精雕生魚片。畫出一半刀口後再切斷，分開來形成翅膀。用切成細絲的小黃瓜模擬觸角，插在魚肉上，蝴蝶就完成了。

1 剛開始下刀的地方，不要全部切斷，而是畫刀口，留下靠近自己的1/3左右。

2 從與①相同厚度之處下刀，切斷。

鮪魚重疊切法

重疊切法的切法與削切法相同，是一種重疊後排出立體感，呈現量感的手法。盛盤時，將肉片稍微錯開擺放。

1 從鮪魚切塊上，切下上方的紅肉部分。

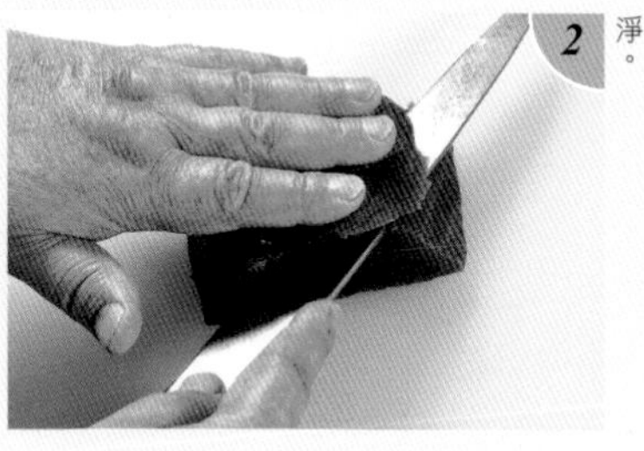
2 將黑色的血合肉部分徹底切乾淨。

3 切下血合肉，將用於生魚片的部分，切成使用方便的長條狀。

1 將長條狀魚肉切成重疊切法使用的大小。

2 將菜刀斜放，橫向下刀，使用整個刀刃拉成薄片。

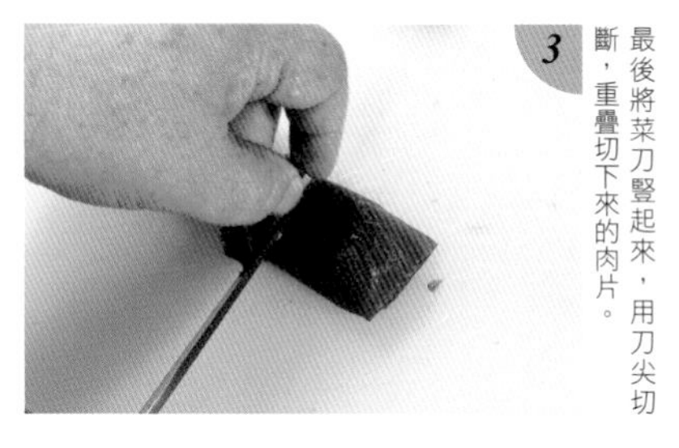
3 最後將菜刀豎起來，用刀尖切斷，重疊切下來的肉片。

鮪魚方形切法

切成四角形，盛盤時通常都會重疊排放。由於切成一口即可食用的大小，所以可以運用切成小塊的邊緣部分。用熱水燙過再切，紅色的切口顯得更美麗。

1 將鮪魚切成棒狀，放入約80℃的熱水中，等到表面變白後，立刻拿出來，放進冰水中。

2 將水份擦乾後，從右邊開始，切成與寬度相同的厚片，切成方形。

水針魚藤切法

將切好的水針魚肉重疊，排成紫藤花的形狀。這種精雕生魚片可以點綴生魚片料理，為食用的顧客帶來視覺上的饗宴，增加商品價值。

1 去除魚皮的水針魚，原本有魚皮的面朝上重疊，重疊時稍微錯開。

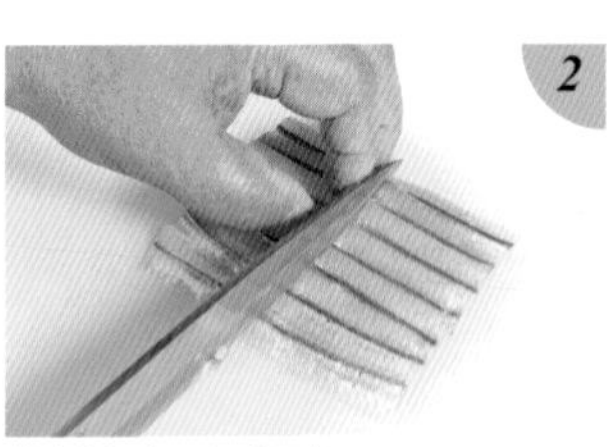

2 將邊緣切齊，切成兩半。

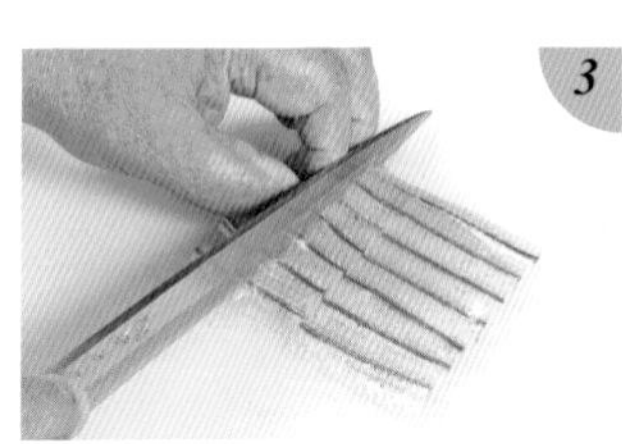

3 再切成兩半。

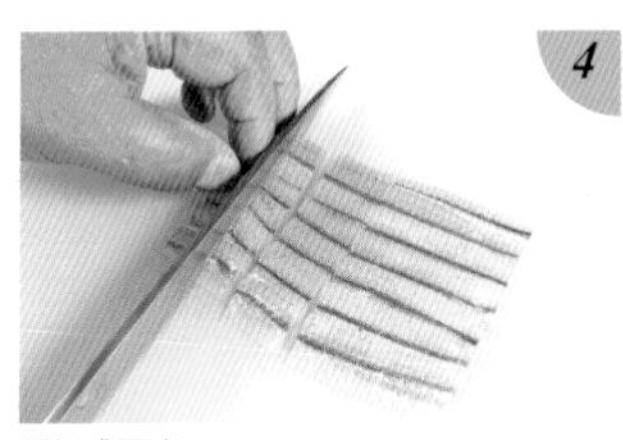

4 再切成兩半。

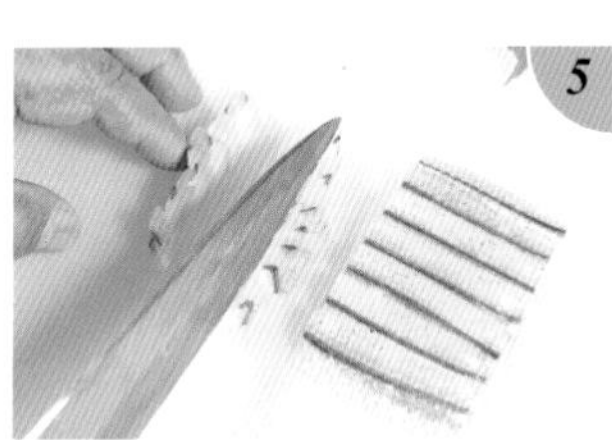

5 用菜刀抬起切下的肉片。

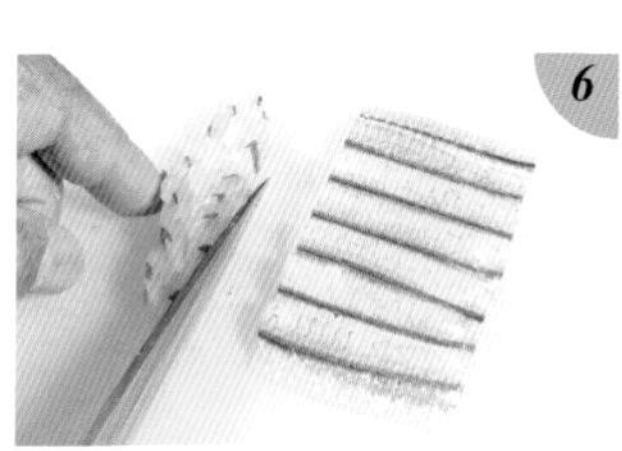

6 用菜刀整理抬起的肉片，使魚皮面朝外、重疊，製作紫藤花樣式。

水針魚黃鶯切法

春季是水針魚的盛產期，用這種盛盤技巧模擬報春的黃鶯。活用魚頭和尾巴，身體用色紙切法，折彎時保留弧度，盛放於白蘿蔔上。

1 用牙籤刺進水針魚的頭和尾巴，使頭尾朝上，插在以圓片切法切成厚片的白蘿蔔上。

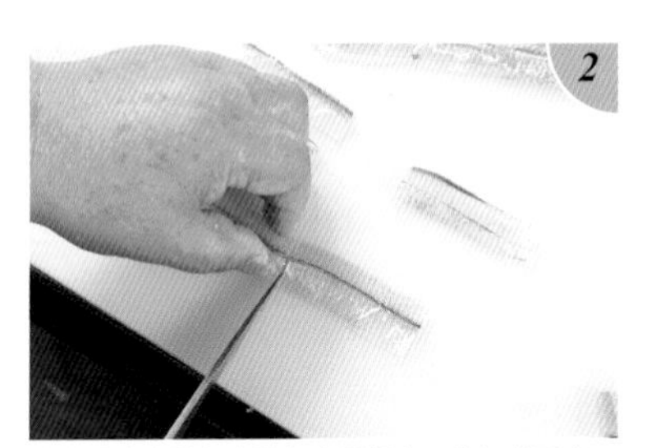

2 將去除的水針魚肉的魚皮面朝上，先切成兩半。再各自切成兩半。

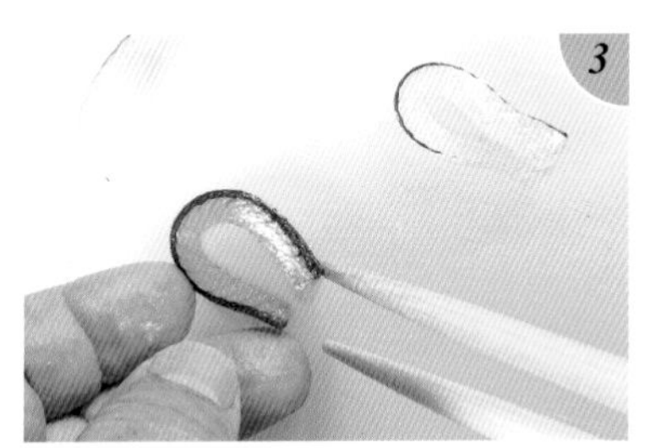

3 將魚皮面朝上，用前端較細的筷子彎成圓形。

4 在①的白蘿蔔上舖1、2片紫蘇葉，將折彎的魚肉排成好看的形狀。

竹筴魚剁魚生

剁魚生有兩種，一種是像「鰹魚剁魚生」，將香味蔬菜灑在肉上，再用菜刀切至黏稠狀，另一種則是用菜刀剁成碎塊。這裡用的是後者的手法。

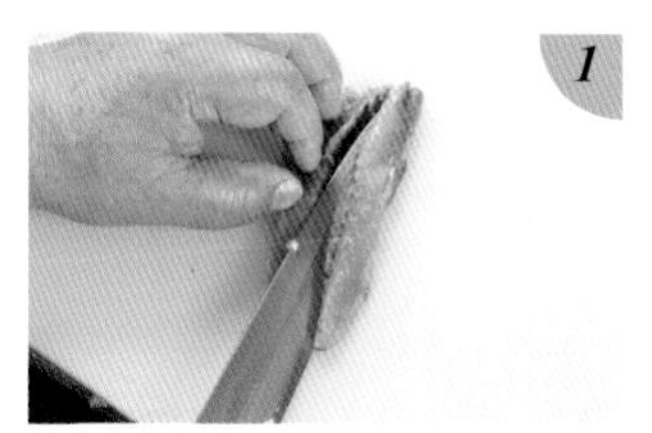

將去皮的魚肉直向放好，拉進菜刀切成2～3小塊。

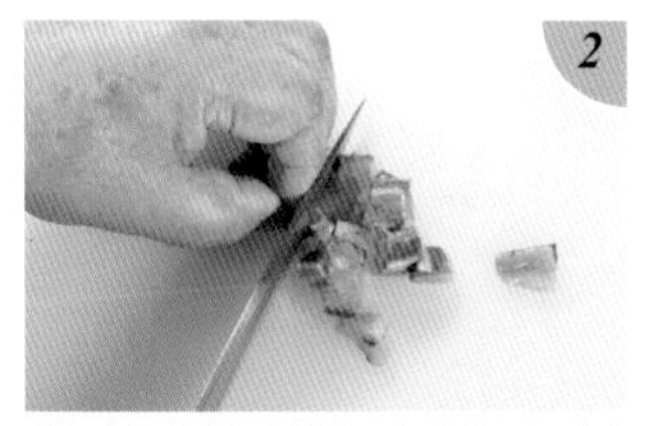

將切成細塊的魚肉橫放，拉動菜刀切成碎塊。

加入切碎的紫蘇葉，一起切得更碎。注意剁過頭會產生黏性。

竹筴魚長條切法

去皮後，將魚肉切成細條，重疊排放的手法。用生腐皮或海苔將切成長條的魚肉捲起來，製成魚肉捲的話，將使料理價值提昇。

將菜刀橫放，從魚皮與魚肉之間下刀，用按壓砧板的方式去除魚皮。

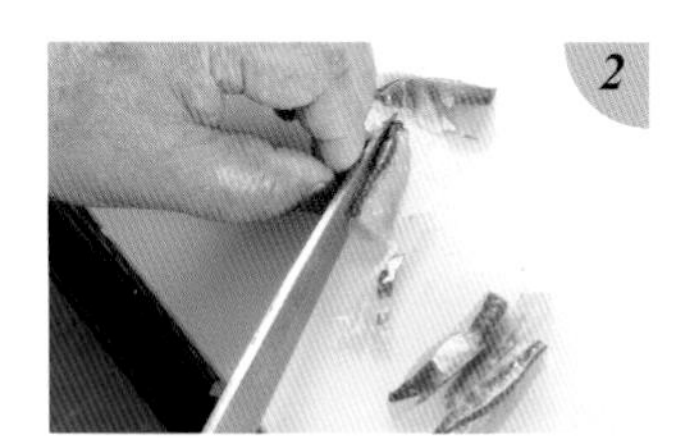

將魚皮面朝上放好，用拉刀切法切成8mm～1cm寬的細長條狀。

鯖魚八重切法

這種切法適合鯖魚或鰹魚等等肉身較厚的生魚片。在肉片的一半處畫刀口，所以醬油容易滲入，而且也可以在刀口處夾入香味蔬菜。

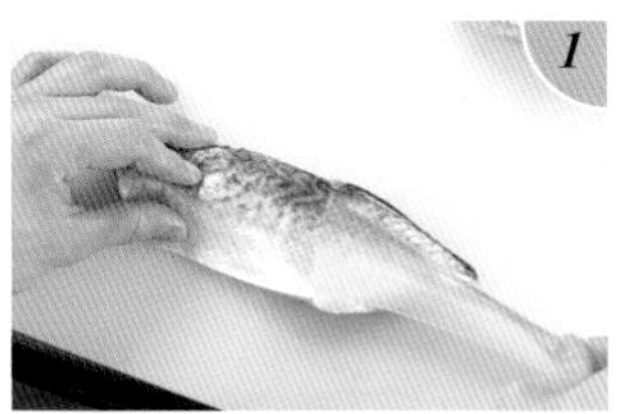

將片好的鯖魚浸泡在醋裡，接下來將薄皮從頭部向尾巴方向剝下來。

將魚皮面朝上，在切片魚肉的一半處再切一次，在中途停下菜刀，畫一個深度約到一半的刀口。

第二次的菜刀則用拉刀切法切斷。用菜刀直接往右邊推。

花枝鳴門式切法

將花枝與海苔一起捲起來，再切成精雕生魚片。看起來有如鳴門海峽的漩渦，所以以此命名，為盛盤添增變化。

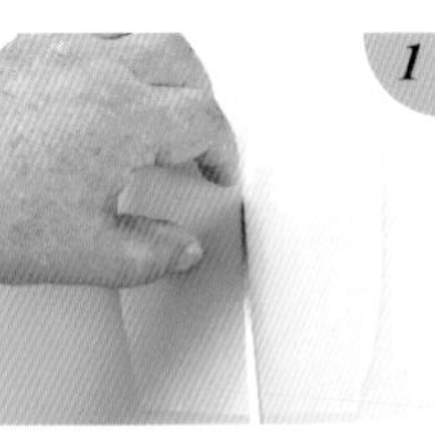

1 將片好的花枝切成方便食用的寬度。

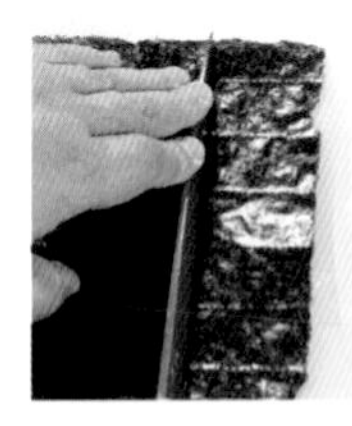

2 將海苔切成與花枝相同的寬度與長度。

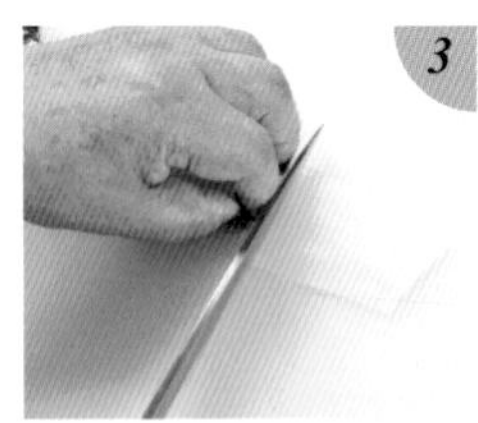

3 在花枝上畫出細刀口，方便捲起來。

4 將有刀口的那一面朝下放好，海苔放在上面。

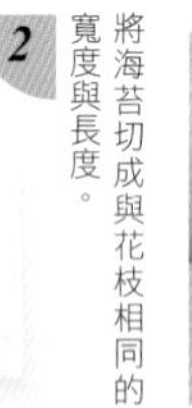

5 從靠近自己的那一頭捲起，將花枝與海苔疊在一起捲起來。

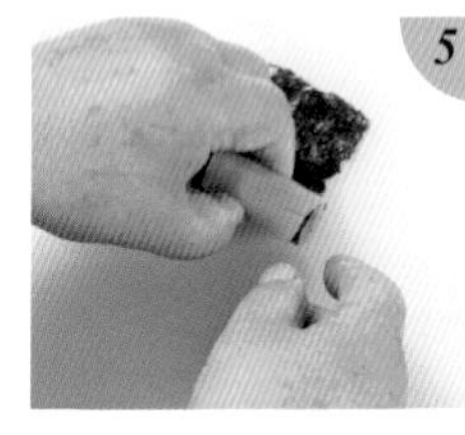

6 捲完後，切成方便食用的大小。

花枝細條切法

這種技法常用於魚身較細的水針魚或彈力十足的花枝。切成細條後，比較方便食用，生魚片醬油也容易滲入其中，改善口感。

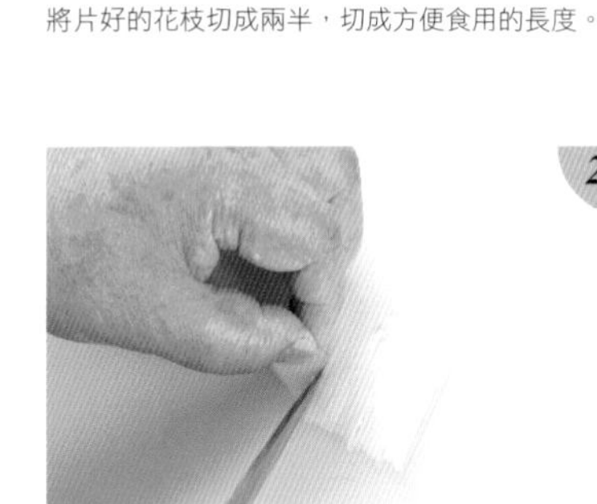

1 將片好的花枝切成兩半，切成方便食用的長度。

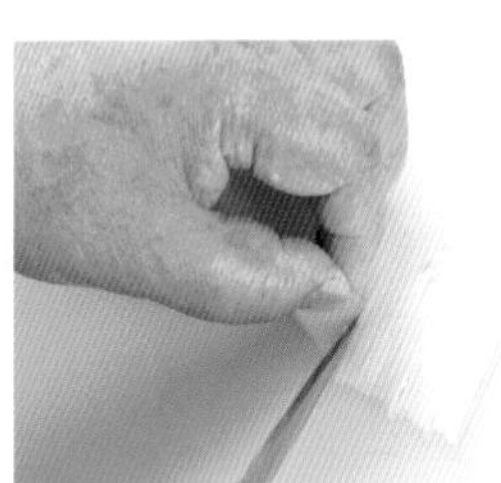

2 將花枝的方向改成橫放，從右邊開始，切成4～5mm的寬度。

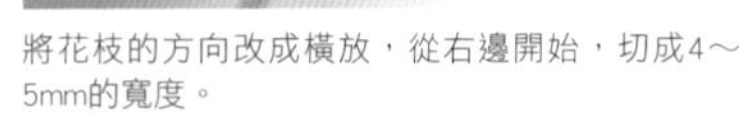

花枝樹葉形切法

將花枝與海苔重疊後再切，將它們稍微錯開，用菜刀立起來，合併兩片肉片，就成為樹葉的形狀。使盛盤看起來更美觀。

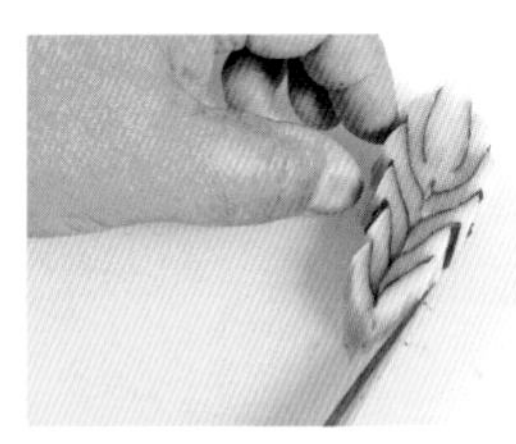

1 將花枝與海苔稍微錯開，重疊4-5片。

2 將兩邊切整齊，切成兩半。

3 將二塊切片合併在一起，形成樹葉的形狀。

花枝鑲入切法

鑲入切法將小黃瓜或紅蘿蔔等不同的食材包在花枝裡，除了外觀之外，也可以透過這種技巧享用不同的口感。重點在於畫刀口時不要將肉片切破。

1 將刀尖插入花枝厚度的中央，畫刀口一直到肉片一半的地方。

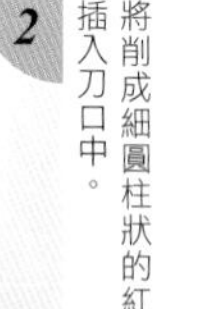

2 將削成細圓柱狀的紅蘿蔔插入刀口中。

3 從右邊開始，切成方便食用的大小。

花枝裝飾切法

在花枝上切出格子狀，用熱水燙過後，刀口處將會翻起來。畫裝飾切法後不僅方便食用，也可以提高商品價值。

1 將菜刀斜放，從橫向畫刀口。

2 將花枝片旋轉90度，以直向切出筆直的刀口。

3 將花枝片切成方便食用的大小。

4 放入熱水中，再用冰水浸泡後撈起。

花枝花切法

雖然有重疊切成薄片的肉片，模擬花朵外形的花切法，這是以切成細絲的肉片模擬花團的盛盤技巧。食用時也很方便取用

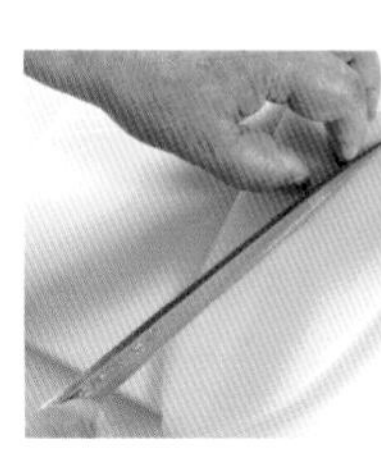

1 將花枝肉切成兩半。

2 以直向畫刀口，方便待會可以捲起來。

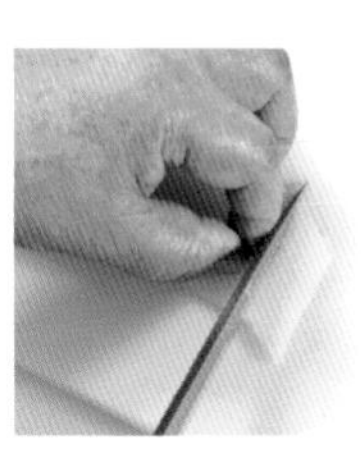

3 將花枝片橫放，以2-3mm的間距切開。

4 將花枝片錯開，確認是否每一片都已經切斷。

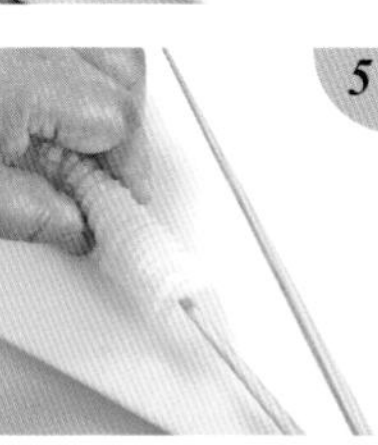
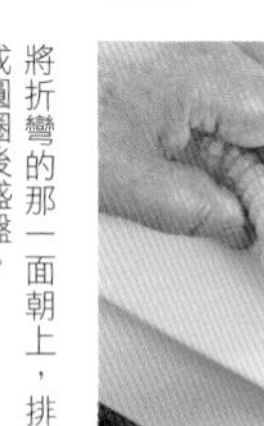
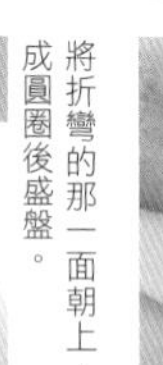

5 用筷子插進花枝片下方，舉起來。

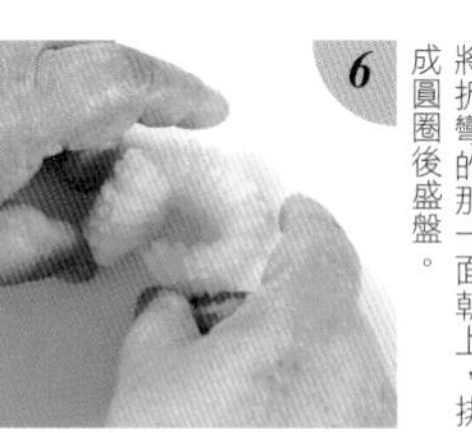

6 將折彎的那一面朝上，排成圓圈後盛盤。

鮪魚、鯛魚博多式切法

這種切法以博多和服腰帶的紡織圖案命名，將2種以上顏色不同的材料交互重疊後切片。帆立貝與檸檬的組合也很常見。

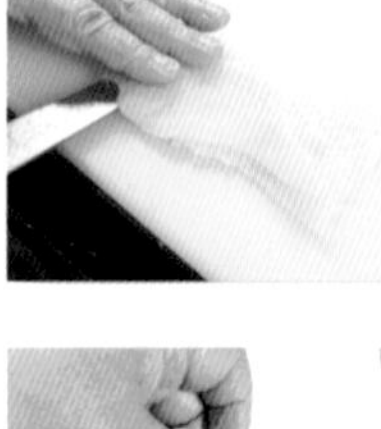

1 將菜刀橫放，將鯛魚肉片的厚度切成一半。

2 鮪魚紅肉和①相同，也切成一半的厚度。

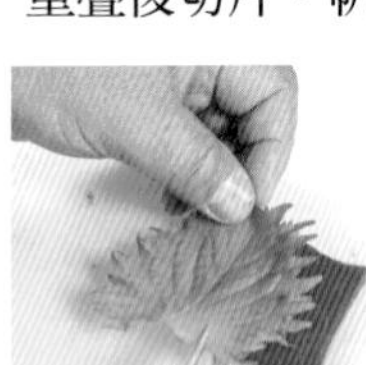

3 將紫蘇葉放在切成一半的鮪魚上。

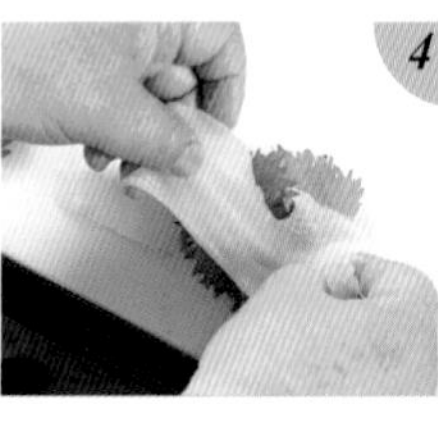

4 將切成一半的鯛魚放在紫蘇葉上。

5 交互重疊鮪魚、紫蘇葉與鯛魚。

6 直向切成兩半，方便食用。

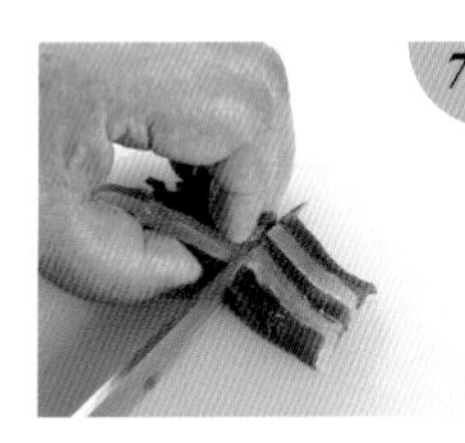

7 將兩邊切整齊，使剖面看起來更美觀，切成方便食用的大小。

鰹魚銀皮切法

切片時保留鰹魚美麗的銀色外皮。切法方面則是畫刀口的八重切法。也有表皮用湯霜法，以熱水澆淋後再切片的方法。

1 將魚皮面朝上放好，第一刀不要切斷，切一個深度到1/2的刀口。

2 第二刀用拉刀切法切斷，菜刀稍微往右邊傾斜，將肉片推到右邊。

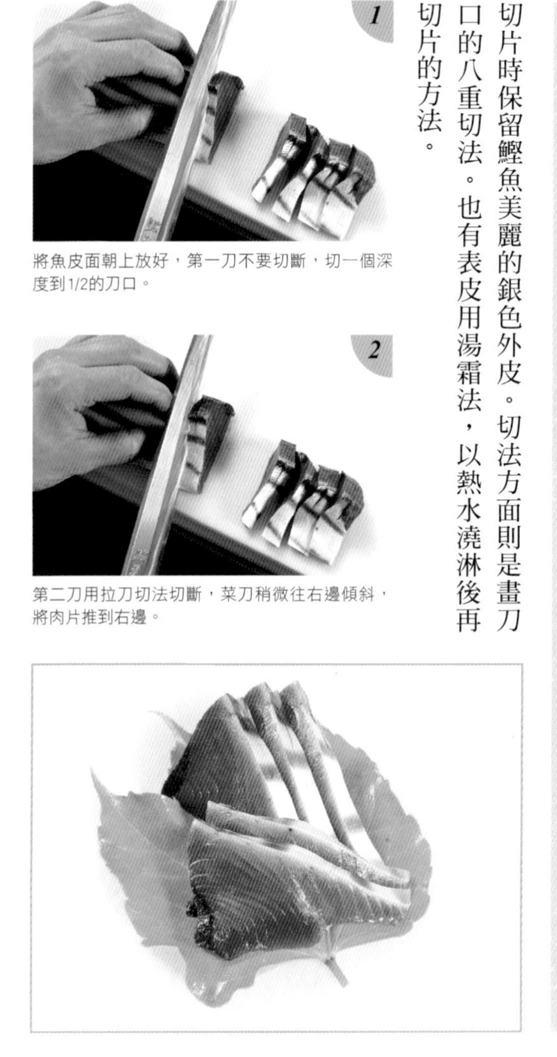

章魚抖刀切法

用菜刀切的時候，切出波浪般的花樣。看起來比較美觀，生魚片醬油也容易滲入，讓章魚生魚片吃起來更美味。

1 斜向切水煮過的章魚腳。

2 將菜刀刀刃以稍微橫放的方式拉刀，使切口略微鼓起，呈現波浪突出的形狀。

3 一邊拉菜刀，將刀刃稍微立起來。反覆將菜刀橫放、立起，拉刀切片。

剝皮魚薄切法

剝皮魚的魚肉有彈性，非常美味。通常使用薄切法，並且附上魚肝。將肝溶於醬油中再食用，更加美味。

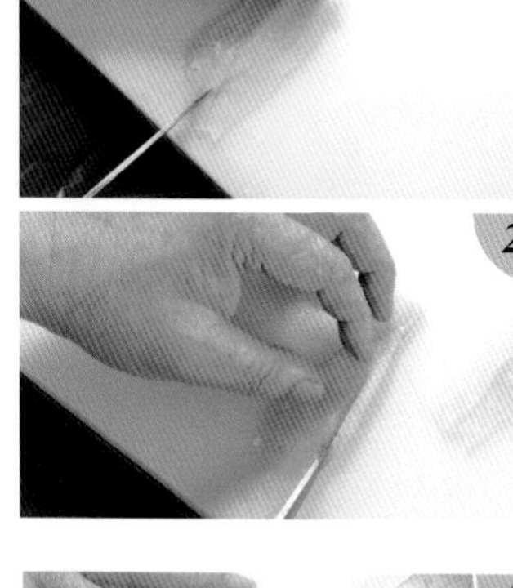

1 將片好的剝皮魚魚片腹肉與背肉切成兩半，切除正中央的中骨。

2

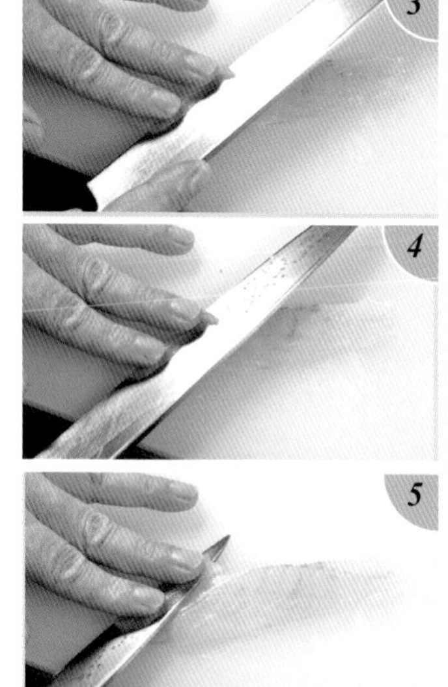

3 將魚皮面朝下，以左手手指靠在魚肉上，以橫放菜刀的方式，從刀顎處入刀，拉到刀尖處，切成薄片。用左手手指感覺厚度。

4

5

6 將切成薄片的魚肉直接用菜刀放在盤子上，盛盤。

7

8

肝臟用熱水迅速燙過，立刻放入冰水中冷卻，將水份拭擦後，排在生魚片旁邊。

星鰻湯霜切法、薄切法

新鮮的星鰻，製成生魚片也很美味。可以使用薄切法，也可以使用湯霜切法。尤其是薄切法，食用時的嚼勁與鮮美相當受歡迎。

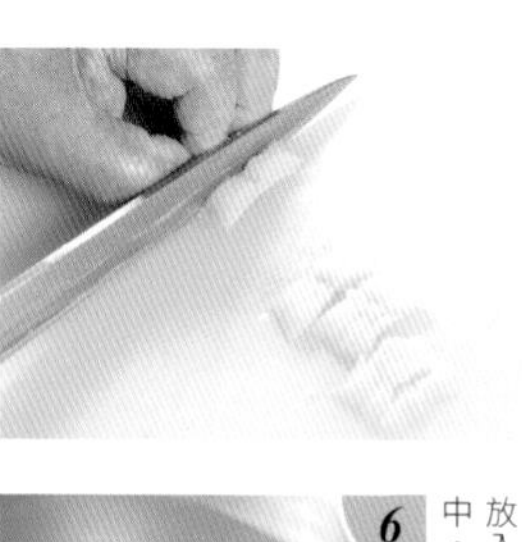

1 將片好的星鰻肉切成兩半。

2 橫放菜刀，削除腹骨。再將刀刃插入魚肉與中骨之間，削除中骨。

3

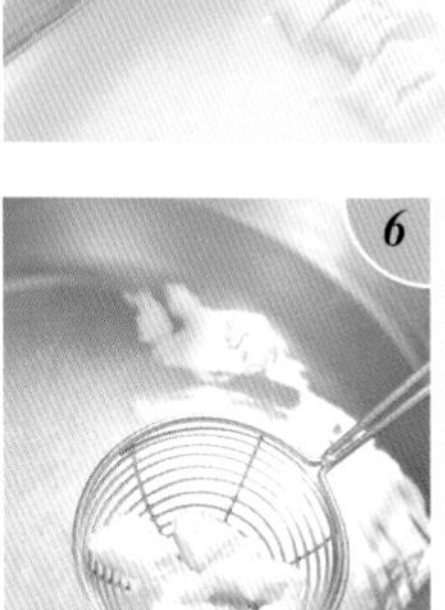

4 將片好的星鰻肉切成兩半。

5 切出細碎的刀口，再切成小塊。

6 放入熱水後迅速撈起，再放進冰水中。將水份擦乾後盛盤。

1 星鰻的薄切法。切法與剝皮魚相同。

海鰻魚片、燒霜切法

魚片與燒霜切法都是海鰻最具代表性的切法。它們都是加熱切骨後的魚肉，但是香氣與口味不同。可以搭配梅肉醬油或醋醬油食用。

川燙

1 將切好的海鰻放在笊籬裡，浸泡熱水。待切口張開，變白後撈起來。

2 直接將笊籬放在冰水裡。冷卻後，趁著還沒出水時撈起來，將水份擦乾。

燒霜切法

1 將魚皮面朝上，放在金屬盤的背面，用烤魚網壓住，以噴火槍燒烤表面。

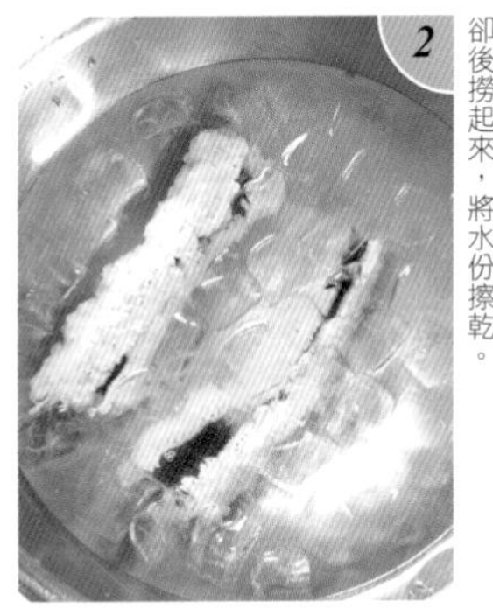

2 等到表皮焦黃，肉身捲縮後，浸泡冰水，冷卻後撈起來，將水份擦乾。

淺切法

淺切法不僅可以讓料理更為美觀，也可以使料理在食用時更方便，容易熟透。有各種不同的畫刀口方式。

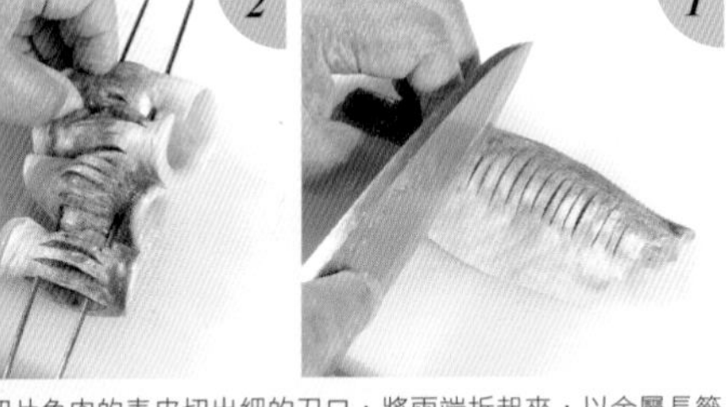

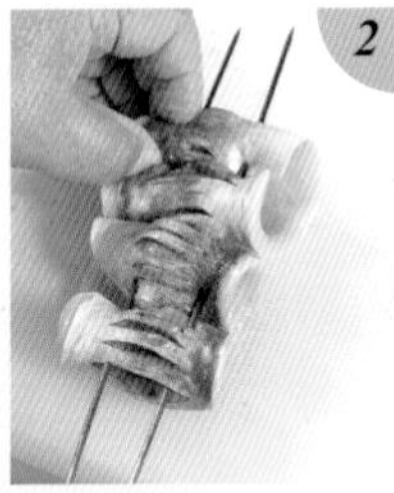

在切片魚肉的表皮切出細的刀口，將兩端折起來，以金屬長籤串起來燒烤。

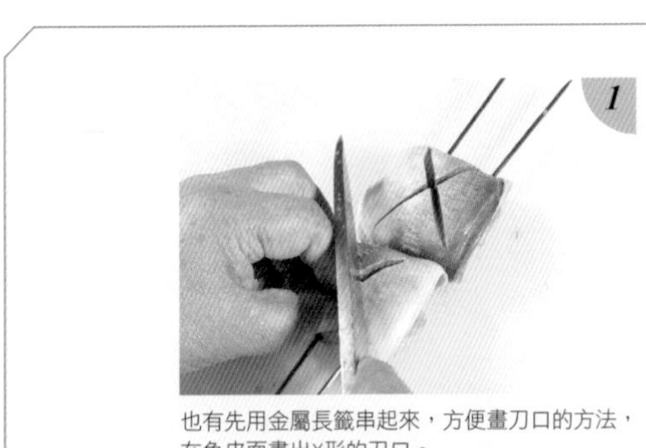

也有先用金屬長籤串起來，方便畫刀口的方法，在魚皮面畫出X形的刀口。

蔬菜的切法

蔬菜切法的重點

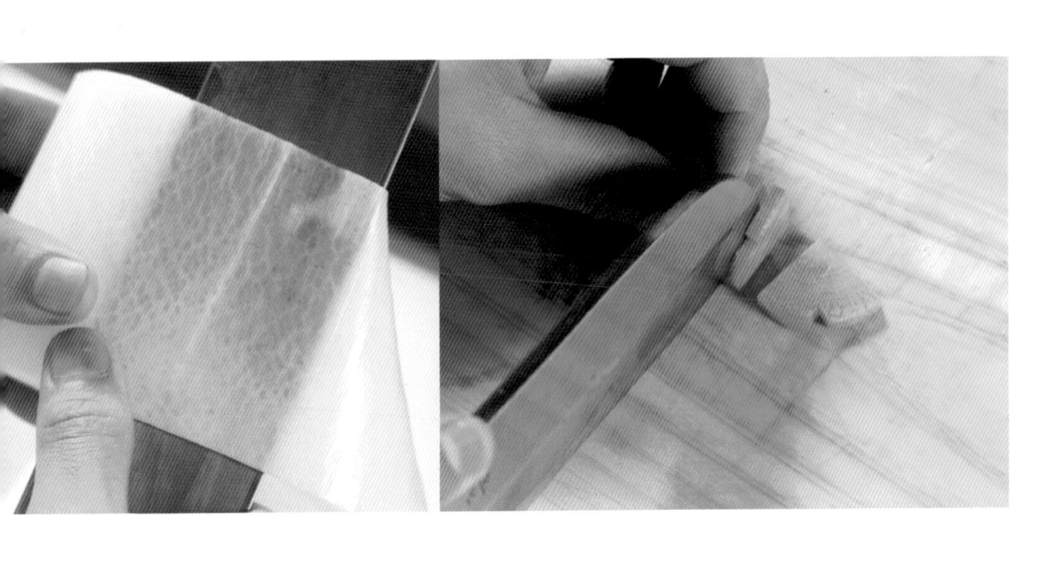

切出相同的厚度與大小是處理蔬菜的基礎

蔬菜切法的基礎，是配合用途，切成相同的大小與厚度。如果大小不一，烹調時的熟度與味道都不一樣，影響成品的味道。不管從味道方面還是從外觀方面來說，切成相同的大小非常重要，不管是圓片切法、切絲、滾刀切法還是薄片切法，必須學會用每一種切法都可以切出均一外形或厚度的技術。

處理蔬菜時，使用薄刃切刀。薄刃切刀的刀刃比較薄，幅度比較寬，對於切碎蔬菜或剝皮等細的作業比較方便。此外，它的刀刃呈一直線，可以均等地接觸砧板，因此能夠有節奏地切菜。當蔬菜與金屬接觸後，新鮮度與美味將會逐漸流失。為了儘量縮短切口與刀刃接觸的時間，請學會保持一定節奏，迅速切菜的工夫。

至於切法方面，基本上用壓刀的方式，利用菜刀的重量，以往前壓的感覺下刀，當刀刃接觸砧板時，再拉回原來的位置。然而針對不同的素材或用途，有時使用朝自己方向拉的拉刀切法，有時則用橫放菜刀，朝自己方向切的削切法，也有將菜刀與砧板平行的削切法。此外，像是牛蒡削絲等等，也有素材專用的切法。即使是相同的切法，不同的素材的切菜步驟也會有所不同，因此把握各種蔬菜的特質也很重要。

用菜刀處理蔬菜，還有削皮的作業。這也是極為基本的工作，但是

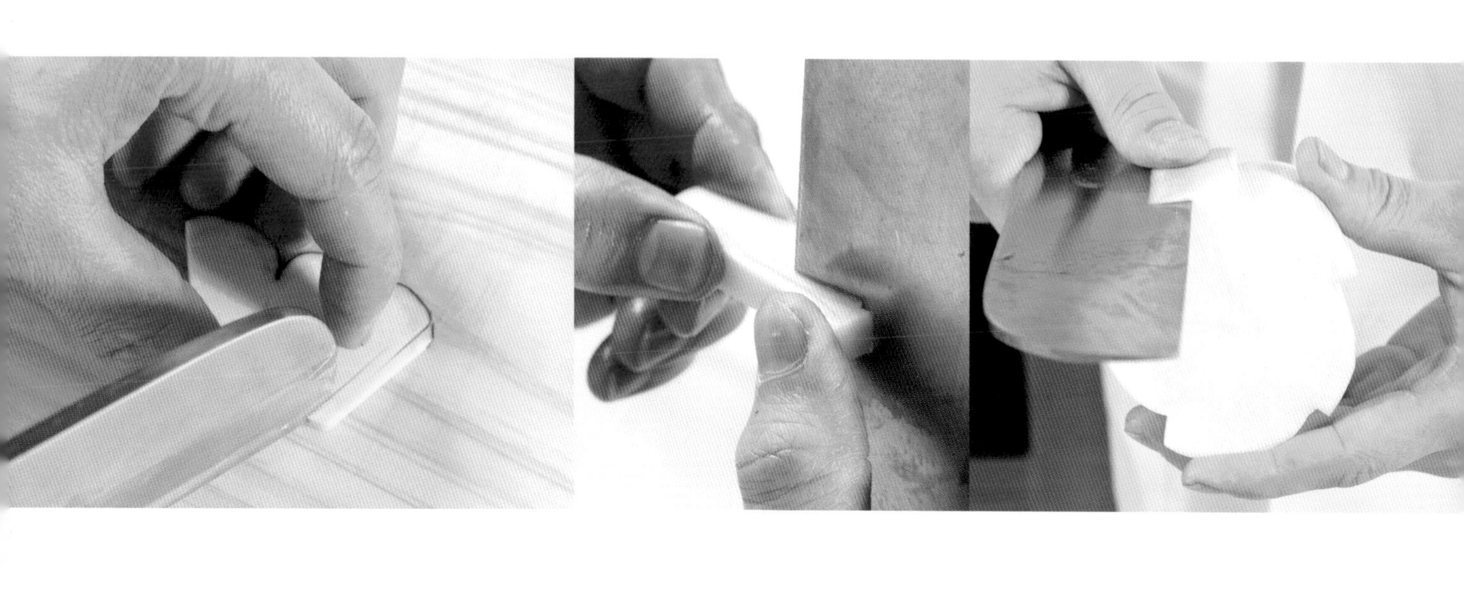

如果無法削出平滑的表面，將會對外觀造成影響。削皮的時候，用的是菜刀正中央稍微偏向自己的刀刃，用左手將材料拿好，削皮時隨時保持固定的厚度。進行桂剝切法時，使用整個刀刃，上下移動菜刀，用左手持蔬菜，以朝向刀刃旋轉的方式剝切。想要切出厚度非常薄，滑順的桂剝切法，需要相當長的時間與經驗。

在基本切法加一番巧思 用裝飾切法讓料理更華麗

裝飾切法是將蔬菜切成花朵、樹葉或蝴蝶等形狀，附在料理旁邊，讓料理看起來更為華麗，也可以添增季節的情趣。舉例來說，只要將一片以白蘿蔔切成的櫻花花瓣，放在料理上，料理就多了幾分春天的絢爛風情。可說是重視季節感的日本料理才有這門獨家菜刀技巧。

裝飾切法有別於正統的剝、削切法，它只供食用，所以花太多時間的話，有時可能會損及素材的風味。從基本的切法出發，再加上少許巧思，從這種程度開始即可。至於道具方面，幾乎只靠一把薄刃切刀就可以了，只要理解切法，即可隨心所欲地應用。

裝飾切法方面，請先配合想要切成的形狀，將蔬菜切出大致的形狀。配合外形切割的方法，稱為「取木」，切花的時候，用取木切成五角形，切蝴蝶時則切成扇形。在取木的階段，如果切出歪歪斜斜的五角形或扇形，完成的花或蝴蝶也會跟著歪七扭八。進行取木之後，接下來的作業比較方便，成品也相當美觀。雖然調整形狀勢必會產生食材的浪費，為了美觀的成品，還是先進行取木，再開始裝飾切法吧。

蔬菜的基本切法

處理蔬菜時，基本上使用薄刃切刀。這裡要講解料理常用的基本切法。學會基礎之後，將使料理看起來更豐盛，大大改善料理的風味。

桂剝切法（白蘿蔔）

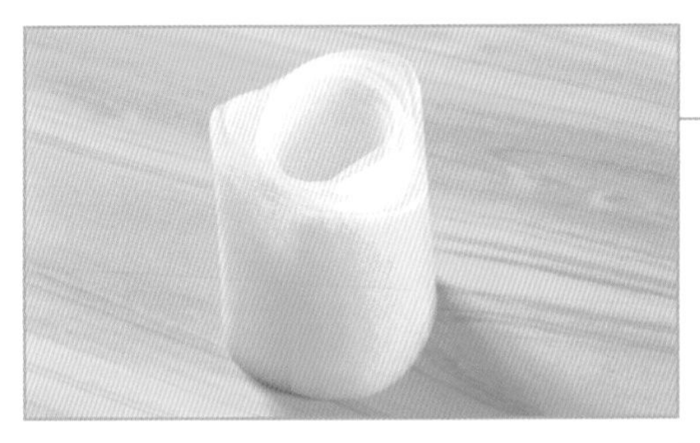

DVD Chapter 11

桂剝切法是專家的基本功。製作蘿蔔絲或奉書卷時，能否切出透明的薄片，將是重要的關鍵。

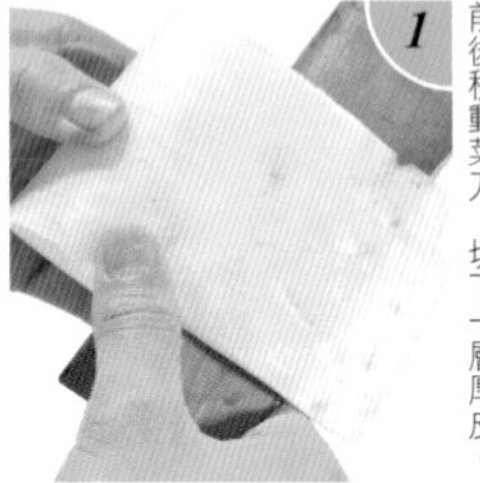

1 以雙手大拇指壓住刀鋒上方表皮的感覺，用左手手指將白蘿蔔往右邊旋轉，以右手大拇指的動作前後移動菜刀，切下一層厚皮。

2 為了切出美觀的桂剝切法，請將白蘿蔔削成圓柱狀。

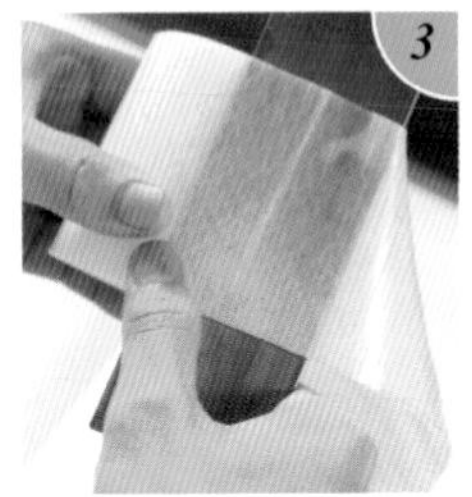

3 用與①相同的要領，用左手大拇指一邊測量皮的厚度，一邊前後移動菜刀，削出薄片。視線放在手的大拇指上。

橫切絲法

切絲是生魚片的配菜。橫切絲法是呈直角橫切纖維，破壞纖維的切法，所以容易捲成圓形。

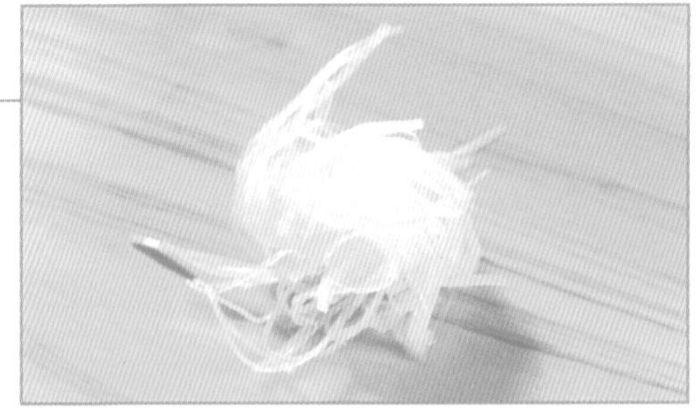

1 用刀尖將桂剝切法切成的白蘿蔔切成適當的大小，將幾片重疊在一起。

2 左手稍微縮起來，將菜刀的刀腹沿著指背，以向前刺的方式，持續切成細絲。

3 切完後將蘿蔔絲浸泡於冰水中。用手抓起將水擰乾，捏成一團。

縱切絲法

DVD Chapter 11

縱切絲法是順著纖維的切法。特徵在於下刀時與纖維平行，所以蘿蔔絲將會立起來。

1 將桂剝切法切成的白蘿蔔切成適當的大小，將幾片重疊在一起。

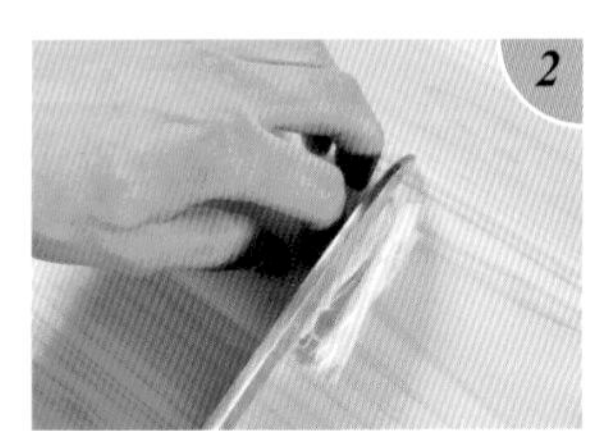

2 和橫切絲法相反，沿著纖維平行切成細絲。浸泡於冰水中，用手擰乾後使用。

圓片切法（白蘿蔔）

燉煮常用的切法。削下一層厚皮，切成圓柱狀。用於燉煮時，切成2~3cm的厚片。

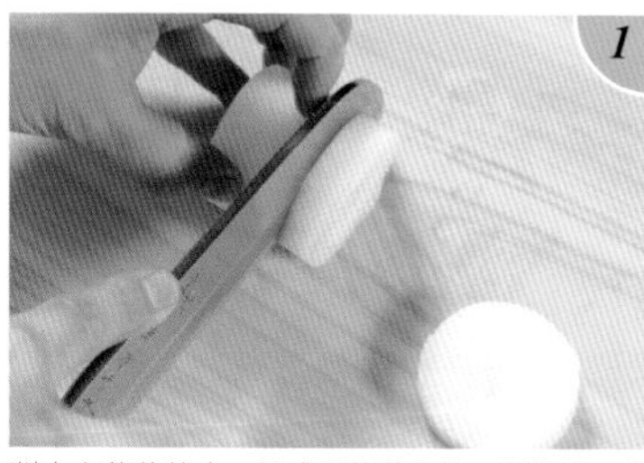

削去白蘿蔔外皮，切成圓柱狀之後，以將菜刀往前壓的方式，垂直下刀，重點是切成均等的厚度。

半月形切法（白蘿蔔）

比圓片切法更容易食用，味道也容易滲入食材中。只要切成半月形的薄片，也可以用於煮湯的食材。

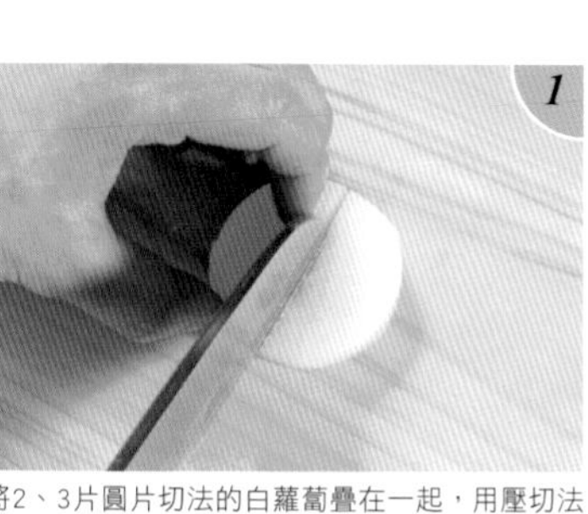

將2、3片圓片切法的白蘿蔔疊在一起，用壓切法切成兩半。其他還有將一開始削成圓柱狀的白蘿蔔對半切法，再從邊緣切起的方法。

切絲（紅蘿蔔）

切絲的寬度比生魚片用的切絲更寬，切成粗一點的細絲。用於保留口感的牛蒡絲或蘿蔔絲等等。

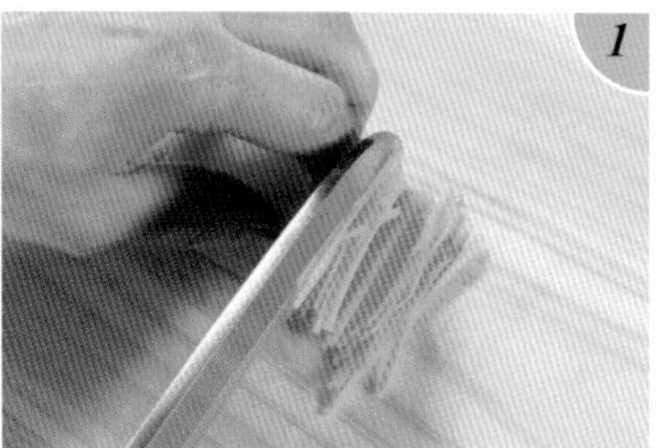

將桂剝切法切成的紅蘿蔔切成適當的寬度，重疊放在一起，從右側開始，以往前刺的方式沿著纖維切絲。如果想要切成粗絲的話，請於桂剝切法時削下較粗的薄片。

滾刀切法（紅蘿蔔）

一邊旋轉紅蘿蔔，永遠以斜向下刀。這種切法可以使外形有較多的變化，切口面積比較大。

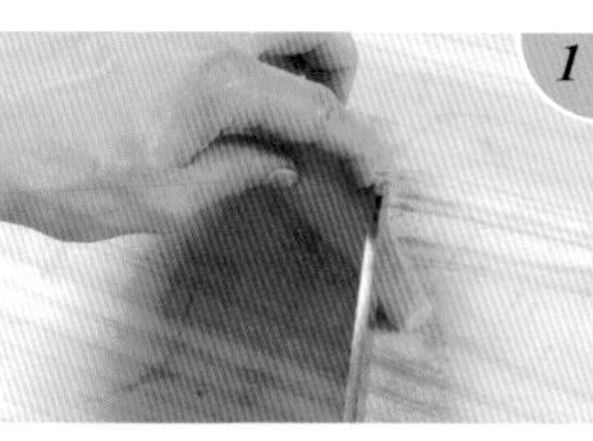

削皮後，斜向下刀，切成一口的大小。

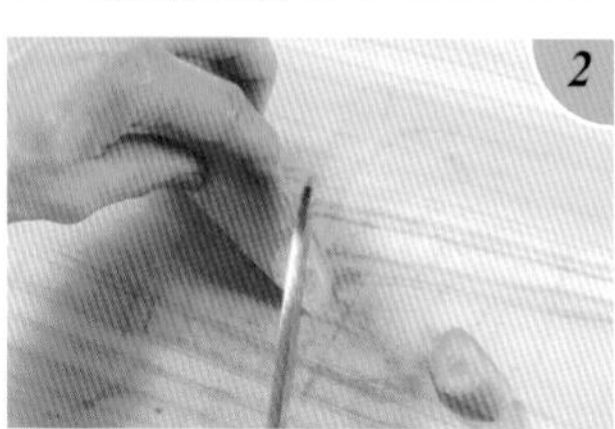

直接旋轉紅蘿蔔，將切口朝上，以與①相同的位置，斜向下刀。

切成粒狀（紅蘿蔔）

比塊狀小，比碎末大，切成3~5mm的方形。用於沙拉或湯品。

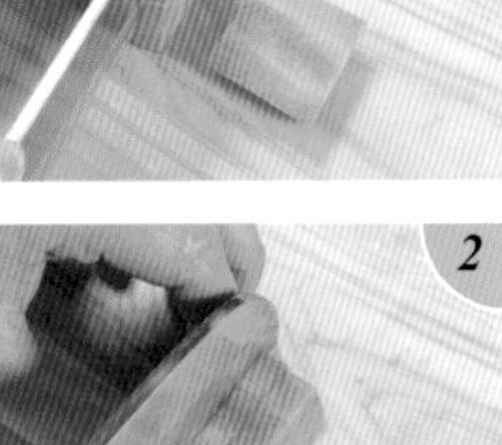

1 紅蘿蔔削皮後，切成長方體，再切成厚厚的板狀。

2 重疊幾片後，切成3~5mm寬。切完後，轉90度，垂直下刀。

切成碎末（紅蘿蔔）

切起來比粒狀小。由於不會留在口中，方便食用，用於年長者的餐點時，對方一定會感到很窩心。

1 將切成長方體的紅蘿蔔切成板狀，重疊幾片後切成細絲。

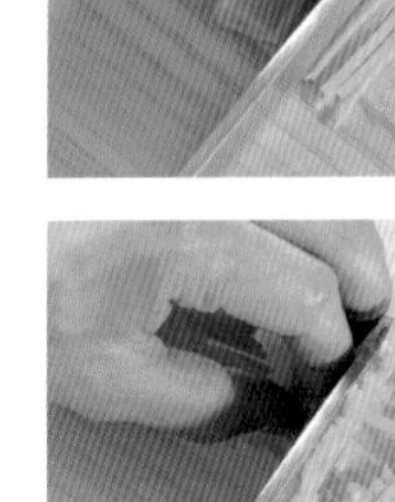

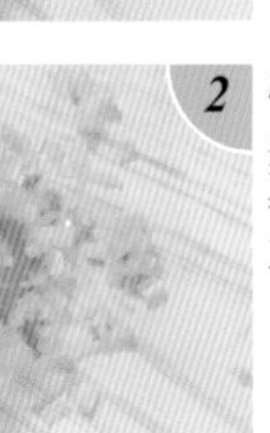
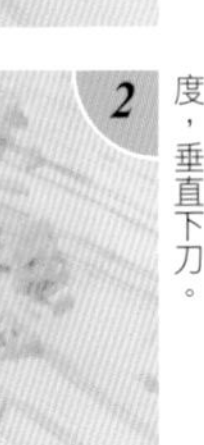

2 將切絲後的紅蘿蔔轉90度，垂直下刀。

削薄邊角（白蘿蔔）

為了避免燉煮時，鍋中的食材彼此碰撞而變形，事先將邊角削圓。

1 以斜角下刀，削去圓片白蘿蔔的邊角。用大拇指壓住刀刃，以左手旋轉白蘿蔔，削去邊角。

六角形切法（芋頭）

六角形切法是芋頭的基本切法。這種切法可以切成六角形，提高料理價值。還有類似的龜殼切法。

1 將芋頭的兩端連片切下。

2 大拇指扶住外皮旁邊支撐，平行推菜刀，削成正六角形。

白髮蔥

白髮蔥用於散放在湯品上，或是油炸食品最上方的裝飾。重點是切成極細的絲狀。

1 切除葉與根部，以刀尖在表皮至蔥芯畫刀口。

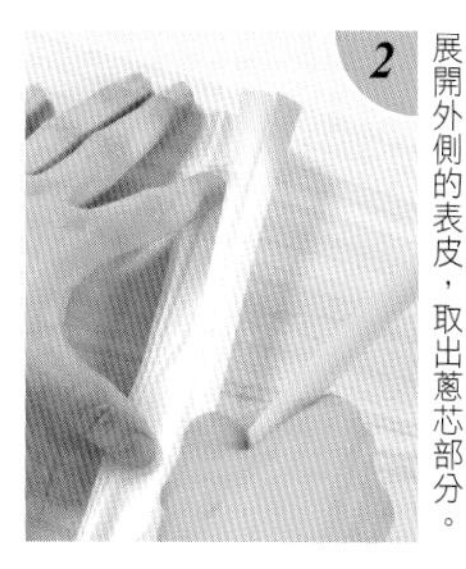

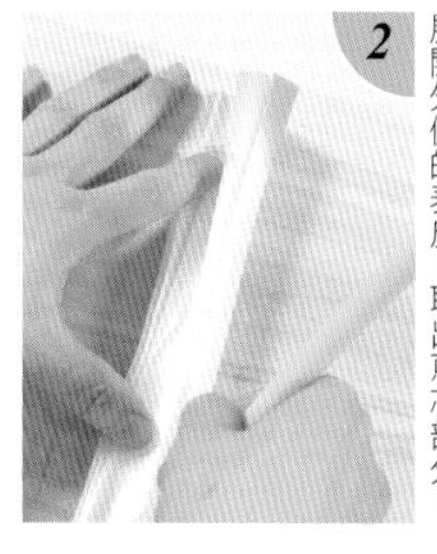

2 展開外側的表皮，取出蔥芯部分。

3 將外側的白皮攤開，以刀背刮內側的黏液。

4 將表皮切成兩半，疊在一起，再繼續切，疊起來。

5 以菜刀刀腹沿著左指的指背，從邊緣開始切成細絲。

6 浸泡在冰水裡，可以消除蔥的臭味與苦味。

削絲（牛蒡）

這種切法適用於炒牛蒡絲或煮水鍋。為了穩定地下刀，削切的時候，請將牛蒡放在砧板上。

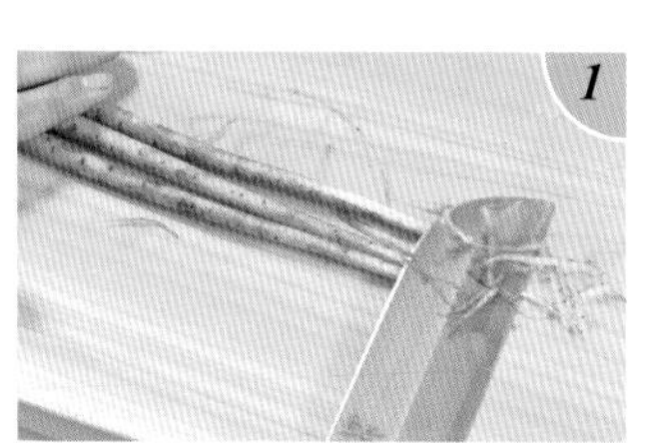

1 將幾根牛蒡放在砧板上，以左手來回滾動，削除尖端。持菜刀的角度可以改變牛蒡的厚度。浸泡在水裡，去除澀液。

銀杏切法（紅蘿蔔）

外形類似銀杏葉片，是一種基本的裝飾切法。切成薄片，可以裝飾生魚片，或是加入湯裡。

1 將紅蘿蔔切成圓柱狀，再以直向切成4分之1。

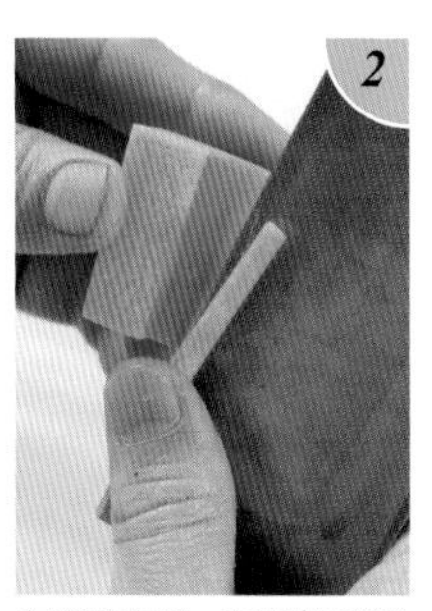

2 在弧形的那一面切出V字形刀口。

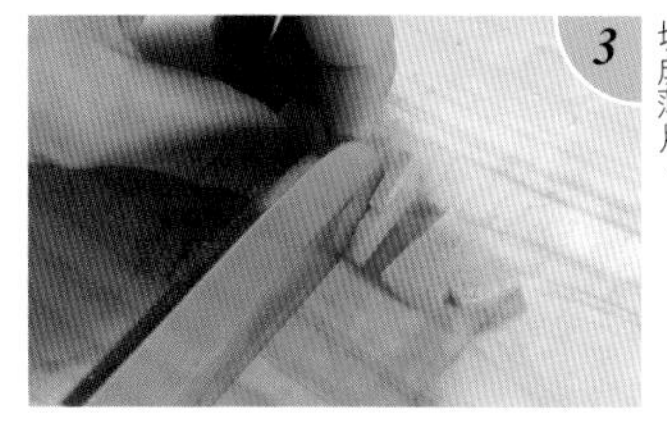

3 放在砧板上，從邊緣開始切成薄片。

蔬菜的裝飾切法

◆白蘿蔔櫻花◆

看起來宛如櫻花花瓣，用食用紅色素染成淡淡的粉紅色。用於裝飾生魚片，或是放在器皿上，代替小碗的蓋子，為料理增添風情。

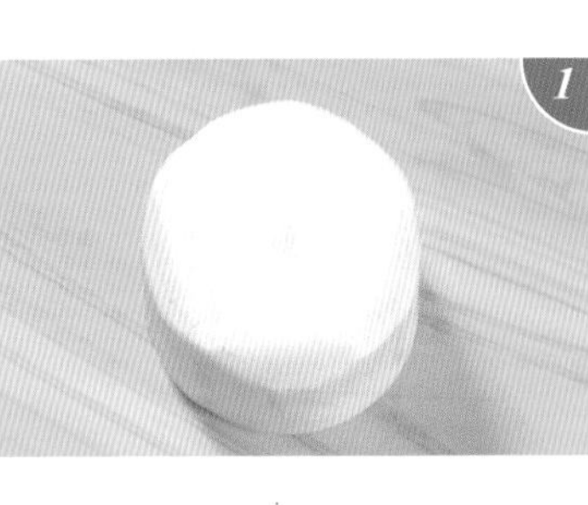

1 將帶皮圓片白蘿蔔的邊角切成五角形。

2 將菜刀放在五角形各邊的中央，畫刀口。

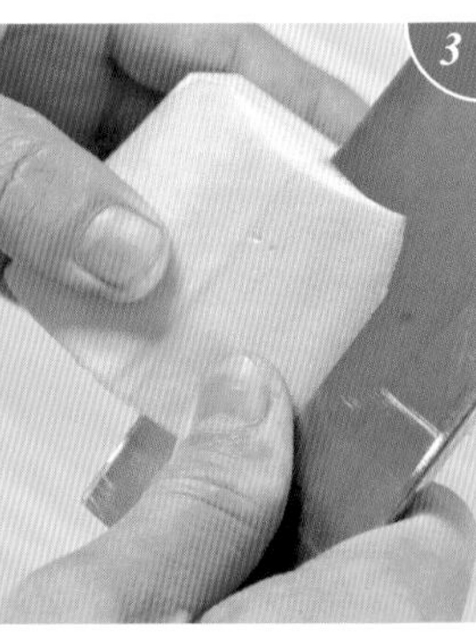

3 大拇指按住白蘿蔔上方，菜刀從五角形的邊角朝刀口處下刀。

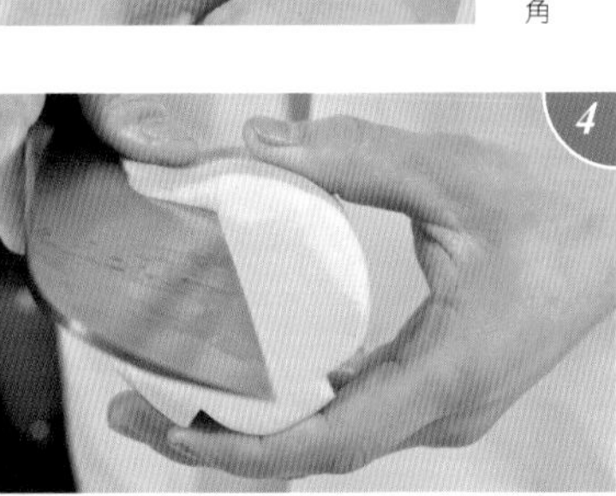

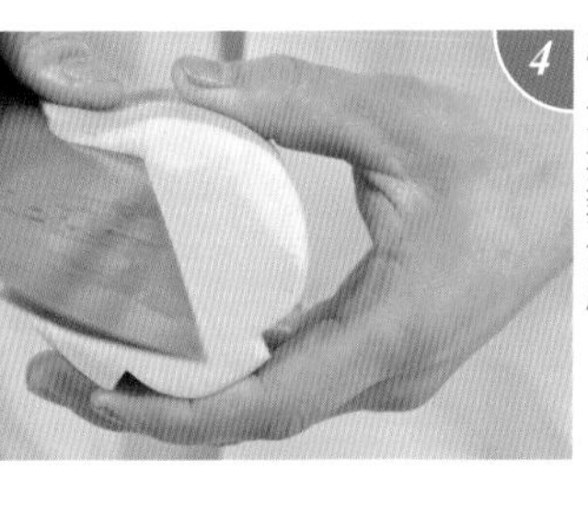

4 用左手旋轉白蘿蔔，切出弧度，一直切到刀口處。

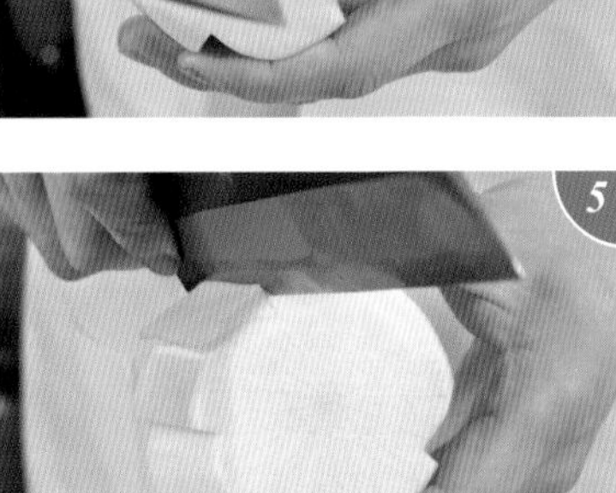

5 五角形的各邊都用④的方法，切出形狀。

6 這是五角形各邊全都切完時的形狀。

7 接下來和剛才相反，從還有皮的邊角開始，朝向刀口處下刀。

8 呈現弧度後，切出花瓣的形狀。

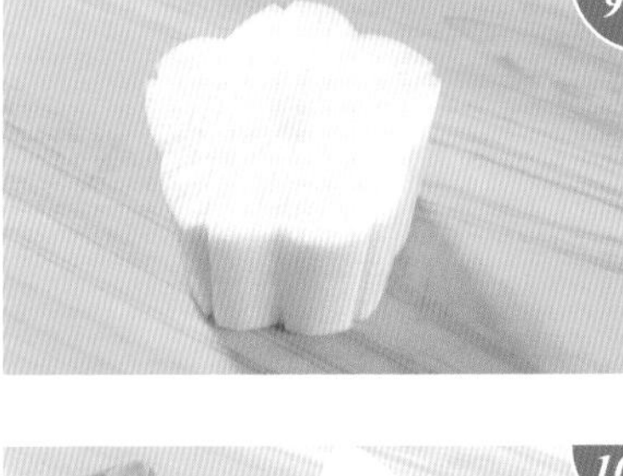

9 在花瓣的圓弧處切V字形刀口。

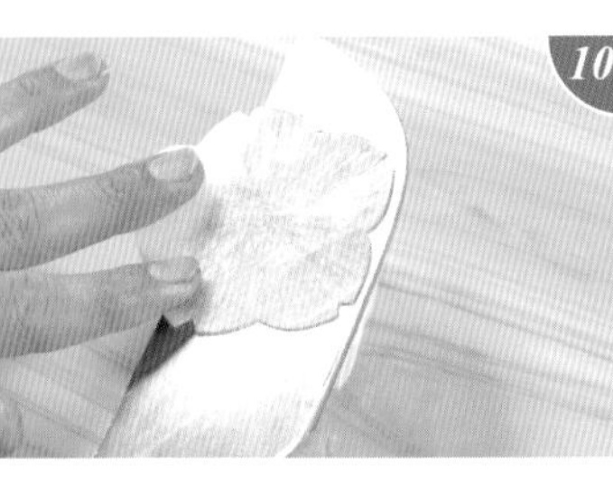

10 將菜刀橫放，以手指壓住白蘿蔔上方，以拉刀方式切薄片。

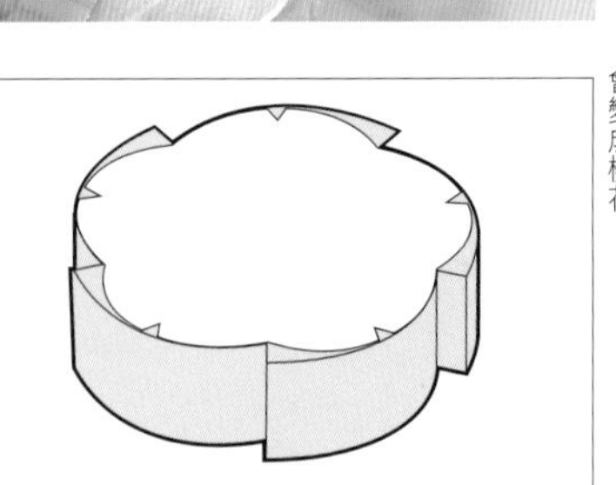

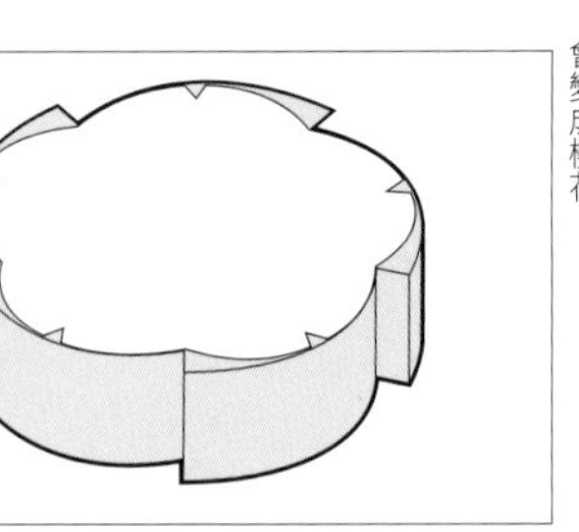

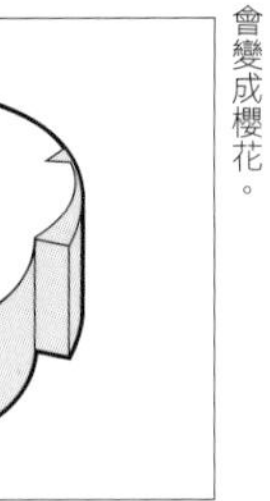

如圖所示，切除陰影部分後，就會變成櫻花。

除了用於生魚片等料理的配菜或裝飾之外，蔬菜的裝飾切法也可以用於燉煮等料理。它可以讓料理看起來更豐富，提高商品價值。請挑戰花朵、樹木、昆蟲或網子等等有趣的裝飾切法吧。

◆ 紅蘿蔔花瓣 ◆

將切成花瓣將的紅蘿蔔切成薄片。不要切得太大，可以搭配生魚片，或是灑在前菜或沙拉上。請先浸泡在水裡，避免乾燥。

1 將紅蘿蔔切成半月形，切除邊角。

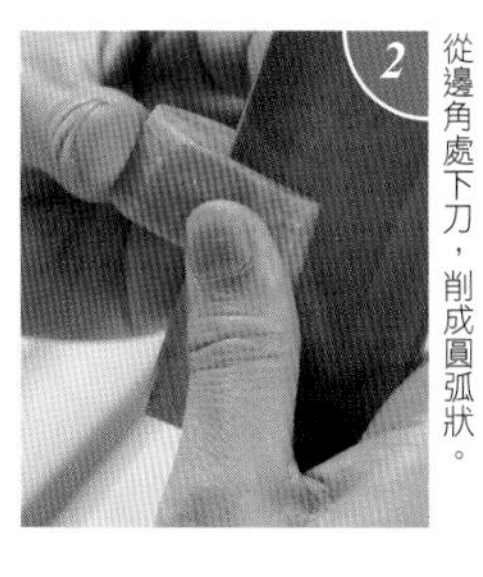

2 從邊角處下刀，削成圓弧狀。

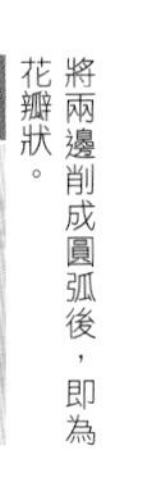

3 將兩邊削成圓弧後，即為花瓣狀。

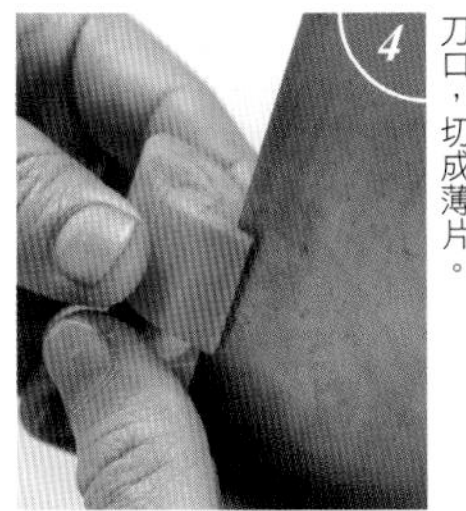

4 最後在花瓣尖角處，切出V字形刀口，切成薄片。

◆ 紅蘿蔔螺旋片 ◆

生魚片的代表配菜之一。使用充滿紅蘿蔔纖維質的前端部分，比較容易捲曲，容易形成螺旋。

1 削去外皮後，削成比桂剝切法稍厚的片狀。

2 將紅蘿蔔攤平，斜切成3mm左右的條狀。

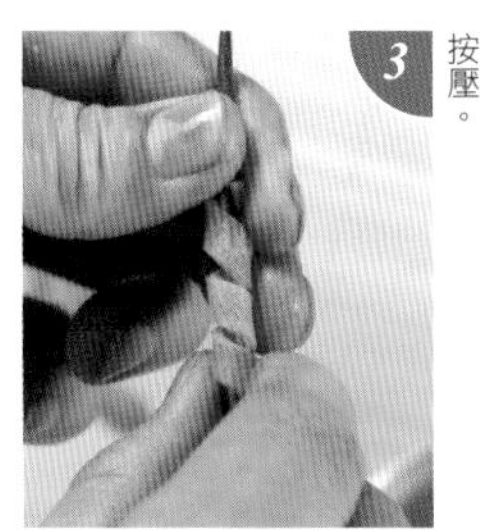

3 用筷子等物品捲起來，最後用力按壓。

4 放在冰水裡，就會捲成好看的形狀。

◆ 香菇飾雕（香菇）◆

在平板的菇傘切出圖案，增加料理價值。香菇飾雕的切口數包羅萬象，切成六道或八道都無所謂。

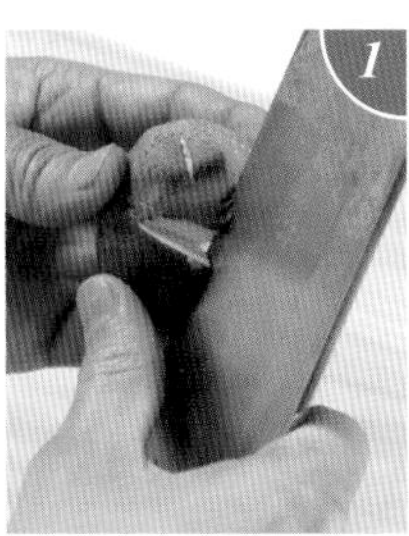

1 切除菇柄，稍微傾斜菜刀刀刃，於菇傘下刀。

2 切出V字形刀口，削去菇傘，切出裝飾圖案。

◆ 螺旋梅花切法（紅蘿蔔）◆

這種切法也可以稱為「螺旋梅」。多用於燉煮料理。要領與白蘿蔔櫻花相同，切出花瓣的形狀，削出斜角，加入螺旋部分。只有表面削去斜角，背面維持原狀。

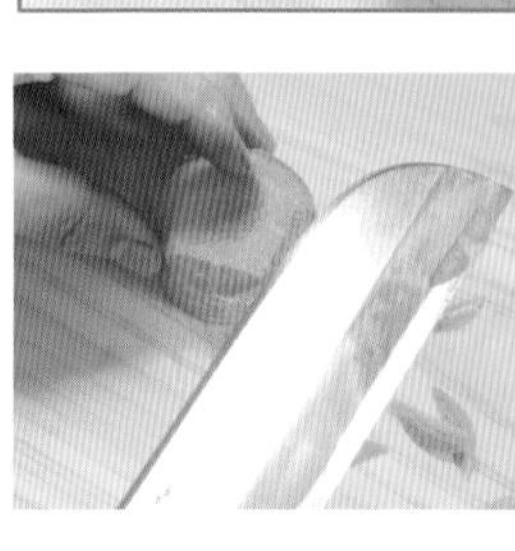

1 將切成圓片的紅蘿蔔上半部的邊角，削成五角形。

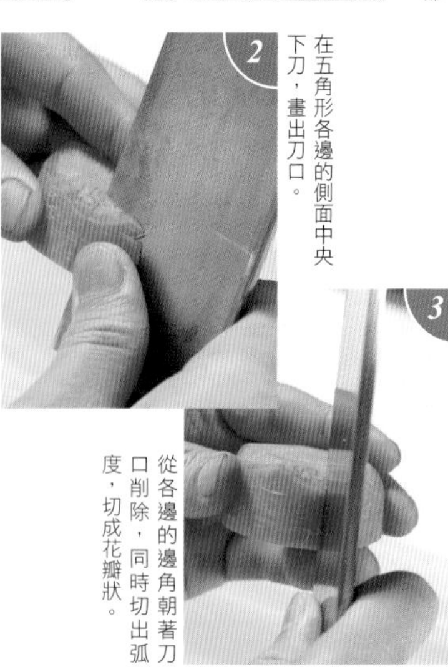

2 在五角形各邊的側面中央下刀，畫出刀口。

3 從各邊的邊角朝著刀口削除，同時切出弧度，切成花瓣狀。

4 用菜刀整理形狀，完成梅花花瓣。

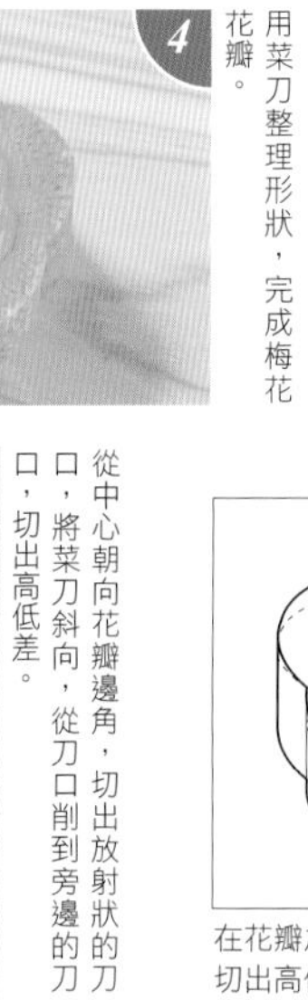

5 從中心朝向花瓣邊角，切出放射狀的刀口，將菜刀斜向，從刀口削到旁邊的刀口，切出高低差。

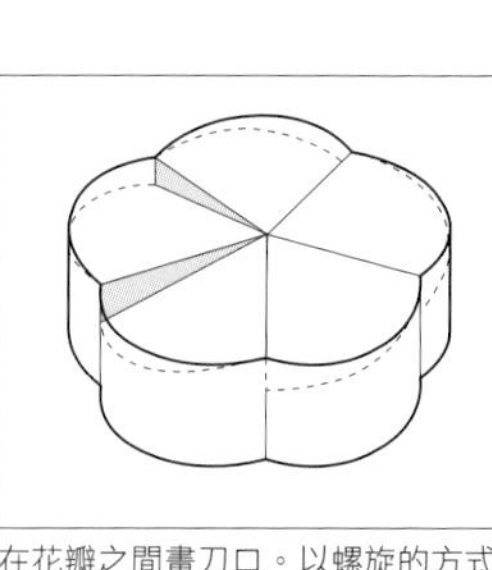

在花瓣之間畫刀口。以螺旋的方式，切出高低差。

◆ 樹葉切法（南瓜）◆

用於燉煮料理的裝飾切法。也可以使用其他蔬菜，最適合外皮顏色較深的南瓜，讓燉煮料理看起來更高級。

1 切除切塊後的南瓜兩側，整理形狀。

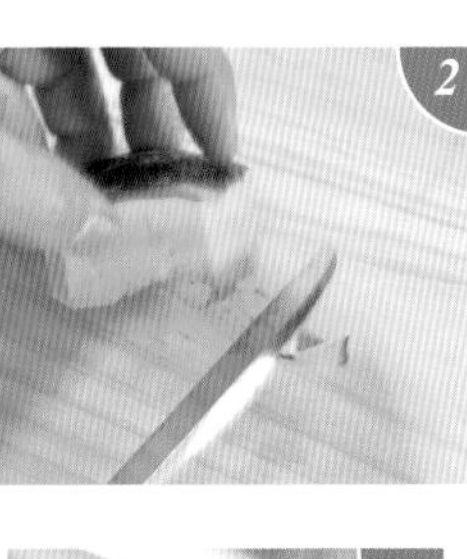

2 切除邊角，大致切成橢圓形的樹葉狀。

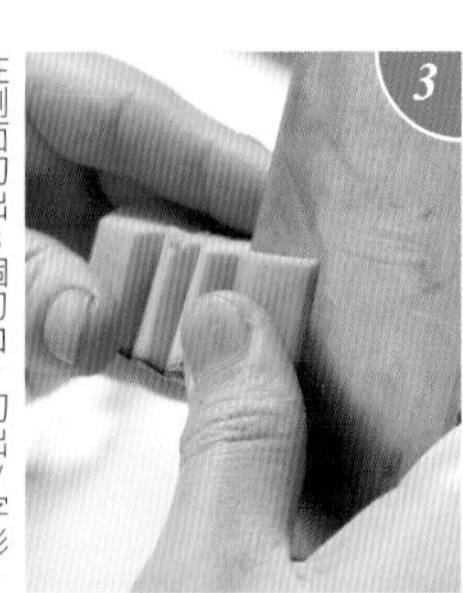

3 在側面切出3個刀口，切出V字形，切成尖角的樣子。另一邊也用同樣的方式切。

4 底面用菜刀切除，切出葉柄的部分。

5 在表皮畫出V字形的刀口，切出葉脈。中央的葉脈稍微削得粗、深一點。

切出橢圓形之後，削去斜線部分，切成樹葉。

茶筅（茄子）

茶筅用於天婦羅或油炸。分為使用半個茄子，以及使用一整個茄子的「螺旋茶筅」等兩種。

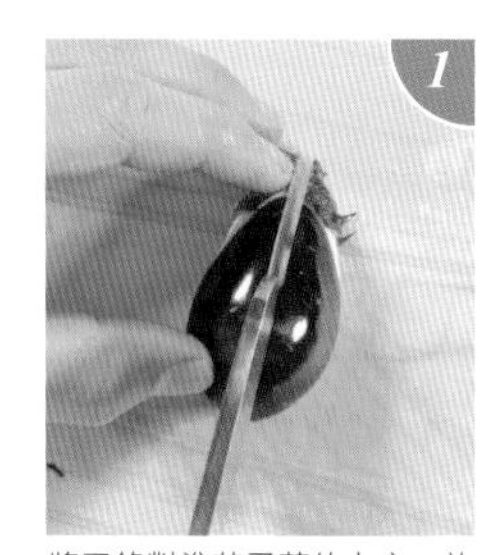

將刀鋒對準茄子蒂的上方，旋轉茄子，將蒂切齊後，再把茄子直向剖半。

將表皮朝上，從邊緣開始一直切到蒂的前方，切成薄片。切的寬度要整齊，展開時才漂亮。

切完後，用手指輕輕按壓，展開並整理形狀。

螺旋茶筅（茄子）

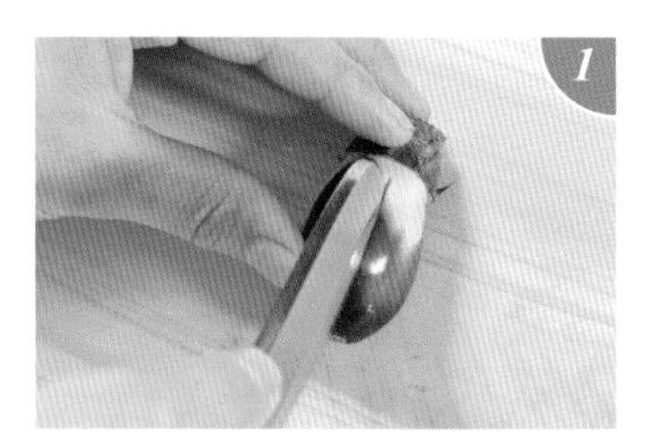

將蒂切齊之後，畫刀口。畫刀口時，上下都留下少許不切的部分，菜刀則插入中心的深度。

切完一圈後，不裹粉，直接下鍋油炸。以按壓的方式擰轉，就是螺旋茶筅。

格子（茄子）

除了燉煮料理之外，這種裝飾切法也適用於油炸後淋醬汁，或是油炸後燉煮等烹調法。利用菜刀的厚度，畫出格子狀的切口。

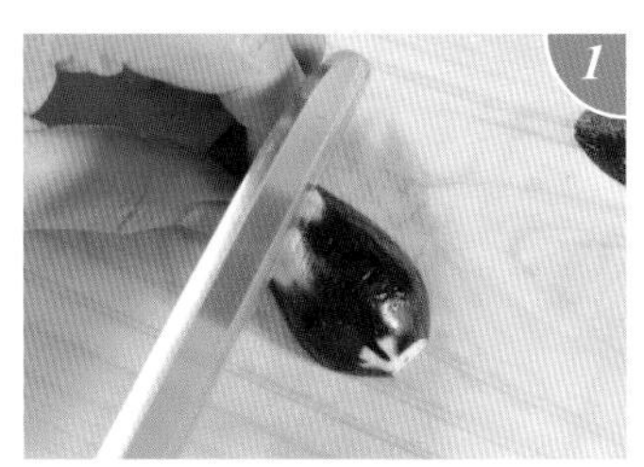

將蒂切齊，切成兩半。輕輕握住菜刀，斜向畫出切口。

改個方向，利用①的要領斜向畫切口，切成格子狀。油炸後就會形成格子圖案。

松柏（小黃瓜）

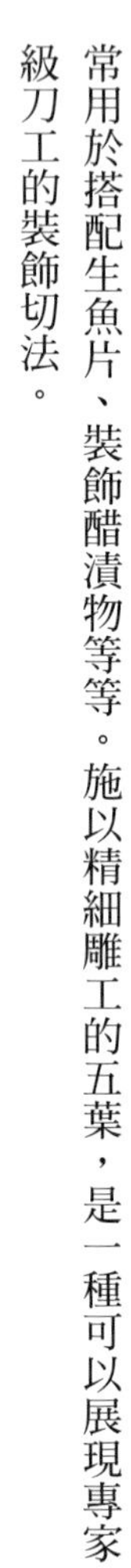

常用於搭配生魚片、裝飾醋漬物等等。施以精細雕工的五葉，是一種可以展現專家級刀工的裝飾切法。

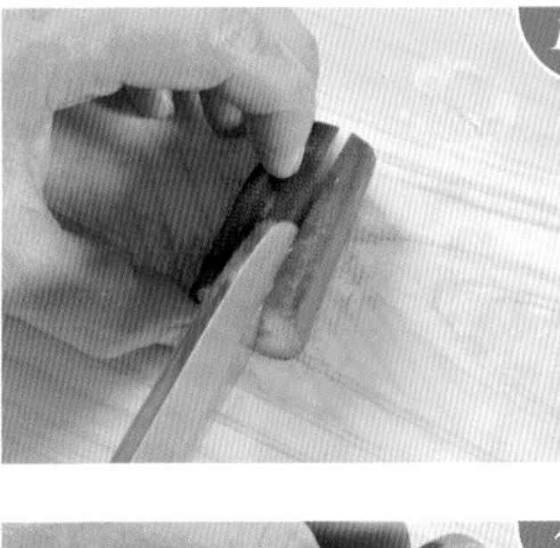

1 小黃瓜切成5-6cm長，再直向剖半。

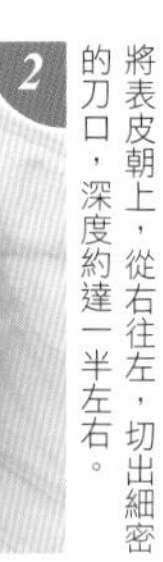
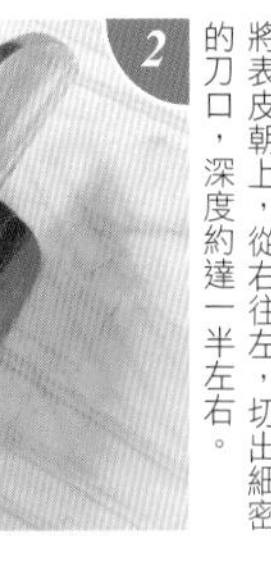

2 將表皮朝上，從右往左，切出細密的刀口，深度約達一半左右。

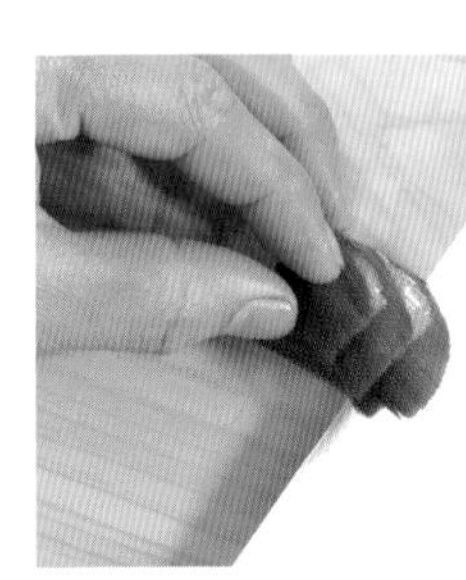

3 橫放菜刀，斜斜地用刀鋒削出薄片，在4個地方畫刀口。

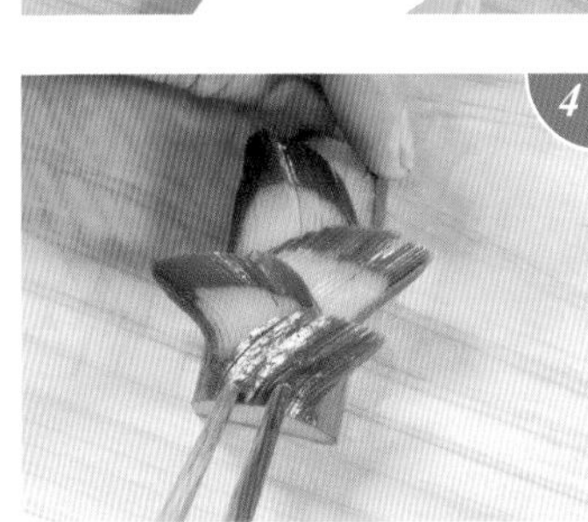
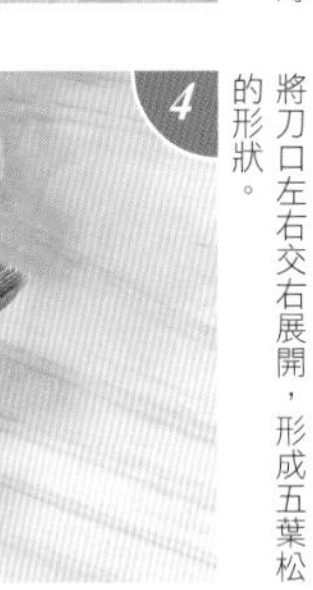

4 將刀口左右交右展開，形成五葉松的形狀。

帆船（小黃瓜）

不要將芥末直接放在器皿中，放在一個小台上，看起來比較美觀。帆船就是一個芥末小台，製作方法非常簡單。

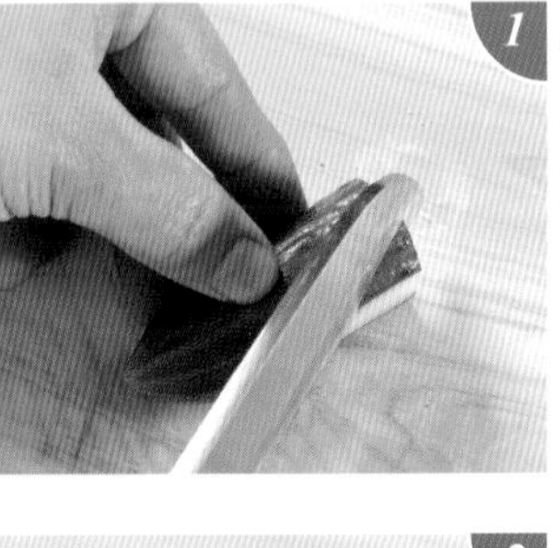
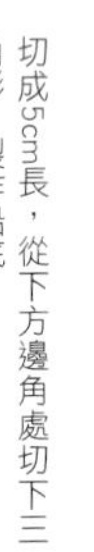

1 切成5cm長，從下方邊角處切下三角形，製作船底。

2 將放置面切平，如此一來，放在器皿時將會比較安定。

3 削除外皮。接下來橫放菜刀，以刀刃削到2/3的地方。

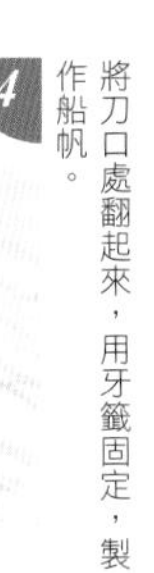

4 將刀口處翻起來，用牙籤固定，製作船帆。

◆ 交錯（小黃瓜）◆

常用於嫩黃瓜或醋漬物，是一種簡單的裝飾切法。在背面與正面斜向交叉下刀，只需切除即可完成。

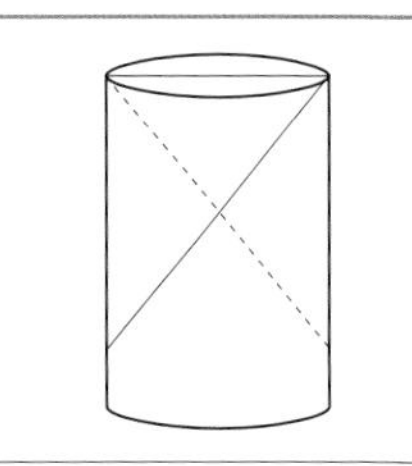

斜向交叉下刀。實線是正面與中央的切口，虛線是背面的切口。

1 配合料理，將小黃瓜切成方便食用的長度。

2 橫放菜刀，在中央畫刀口，切到深2/3處。

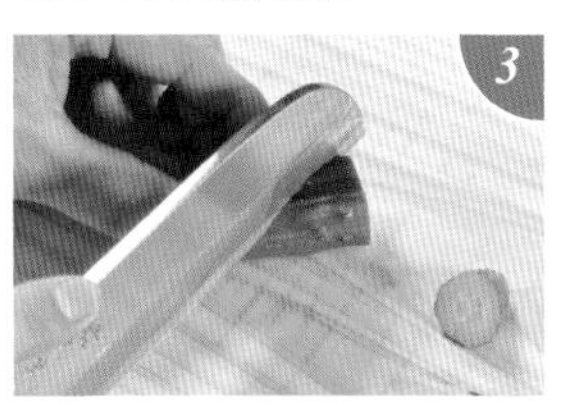

3 以菜刀斜向切到中央的刀口處。背面也是斜向交叉，一直切到中央處，切除。

◆ 水珠（小黃瓜）◆

水珠小黃瓜是呈現夏季季節感的裝飾切法。除了搭配生魚片之外，也可以掛在裝飾料理的竹簾上，更進一步地呈現季節性。

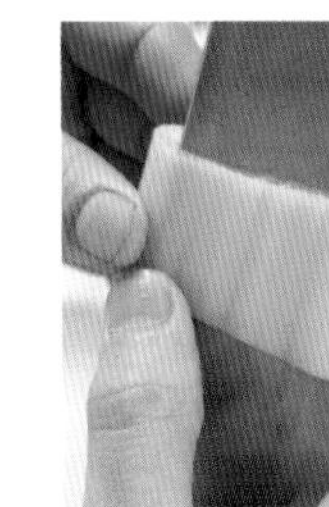

1 將小黃瓜切成適當的長度。以桂剝切法的要領，削下厚皮，切到中途停下來。

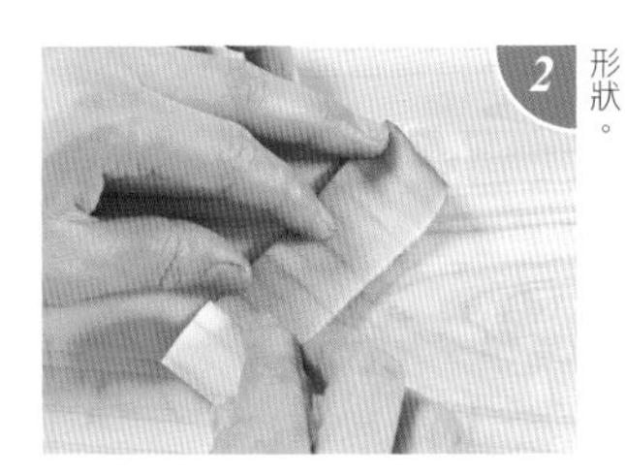

2 剝到一半後，再捲回原來的形狀。

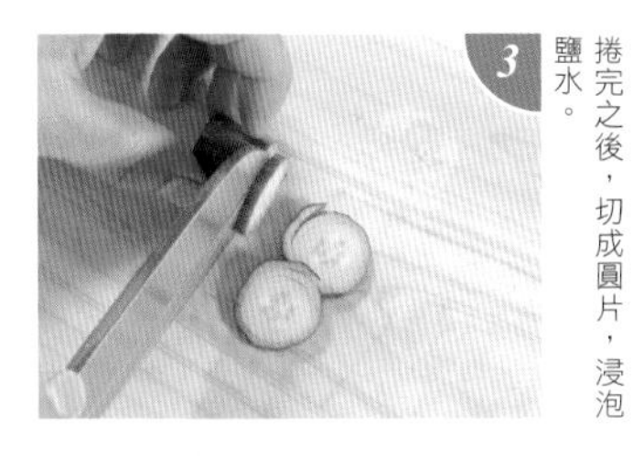

3 捲完之後，切成圓片，浸泡鹽水。

◆ 頭冠（小黃瓜）◆

形狀複雜，看起來好像需要高明的菜刀技巧，其實只要切刀口，再彎起來折在縫隙裡即可，非常簡單。由於小黃瓜容易斷，所以訣竅是事先從冰箱裡取出，等小黃瓜變軟後再進行。

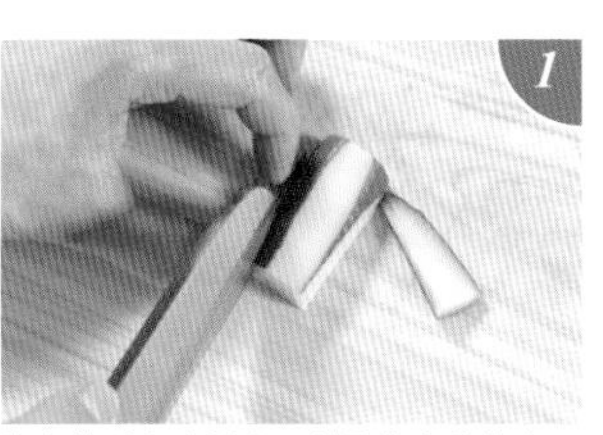

1 將小黃瓜直向剖半，削除上方的外皮，切去側面的斜角。

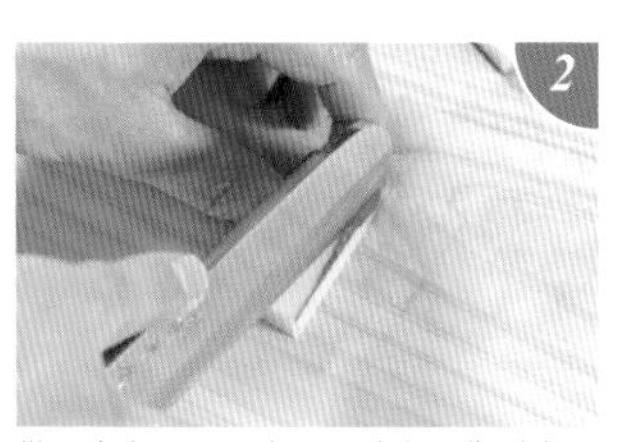

2 從刀尖處下刀，畫刀口時留下靠近自己的1/3處。

3 用②的要領，切出8道平行的刀口。刀口的數量與長度請視料理調整。

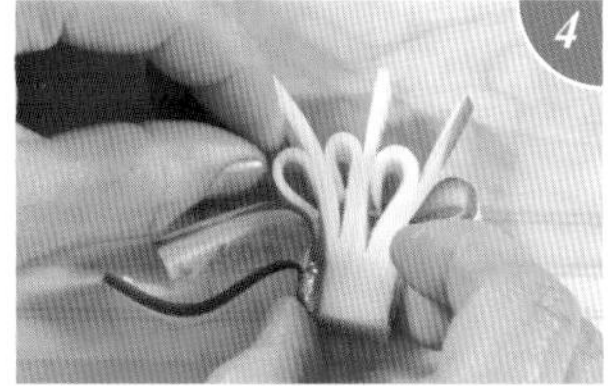

4 將切刀口的部分往內彎，間隔1根。

蛇籠（小黃瓜）

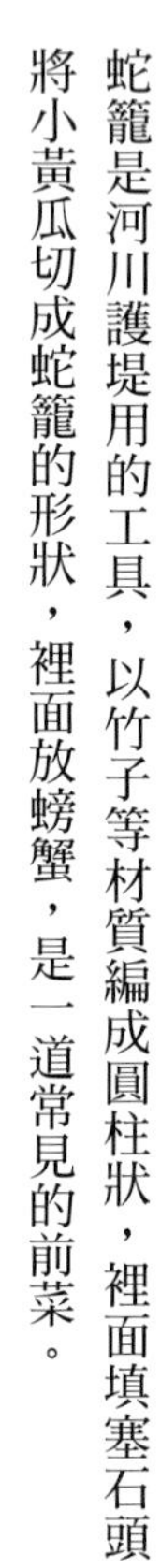

蛇籠是河川護堤用的工具，以竹子等材質編成圓柱狀，裡面填塞石頭。將小黃瓜切成蛇籠的形狀，裡面放螃蟹，是一道常見的前菜。

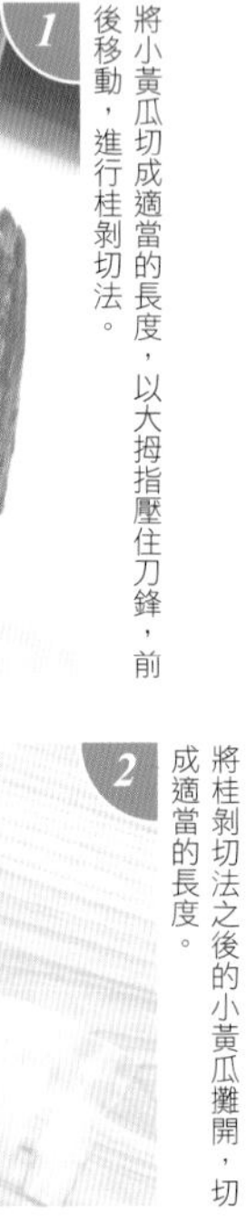

1 將小黃瓜切成適當的長度，以大拇指壓住刀鋒，前後移動，進行桂剝切法。

2 將桂剝切法之後的小黃瓜攤開，切成適當的長度。

3 使用挖圓模型，適度地在小黃瓜上打洞。

4 捲起來就成了蛇籠。中間可以放入料理，即為一道前菜。

蛇腹（小黃瓜）

切了細密的刀口後，看起來有如蛇的腹部，所以以此命名，是一種裝飾切法。常用於醋漬物或鹽漬。

1 切除兩頭。將菜刀放在砧板上，滾動小黃瓜，即可以刨的方式削皮。

2 以菜刀斜向畫出細密的刀口，深度約為一半左右。背面也以反方向，斜向畫刀口。

3 浸泡於加了昆布的鹽水中，使小黃瓜軟化。

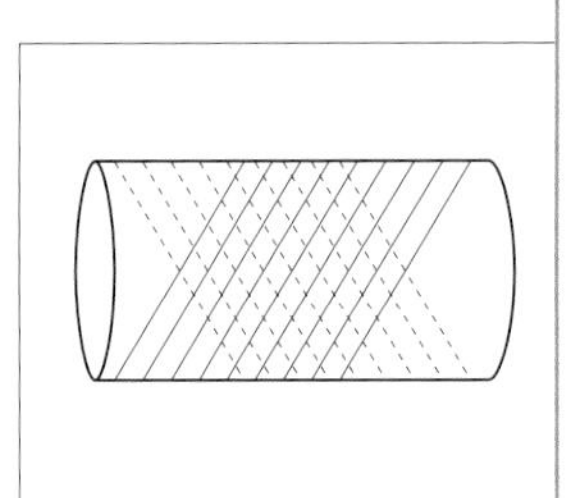

實線為正面切刀口的方法，虛線為背面切刀口的方法。

網剝切法（白蘿蔔）

活用於舟盛生魚片或活魚生魚片。用網子呈現剛捕到魚的新鮮印象。想要切出大張的網子時，訣竅在於切出較長的白蘿蔔。

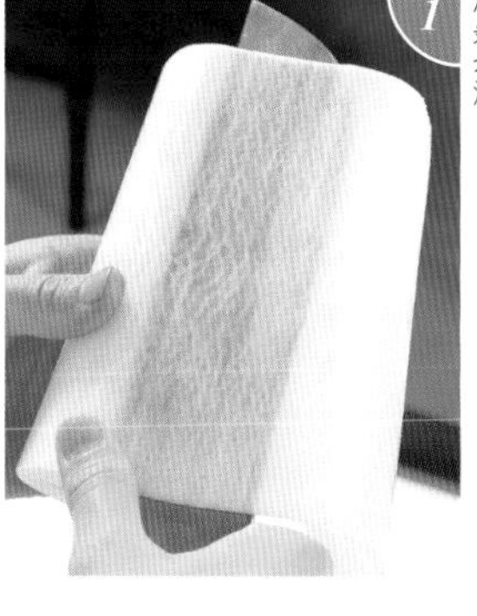

將白蘿蔔切成菜刀的長度，使用整個菜刀進行桂剝切法。

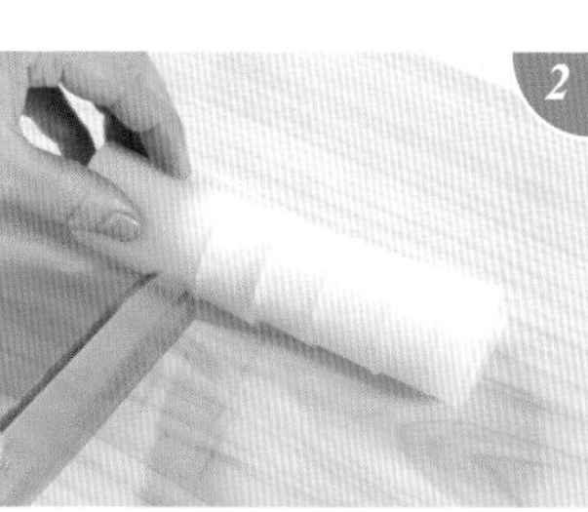

浸泡於鹽水中，軟化後捲起來。以2cm寬的間距，畫出深度到一半的刀口。

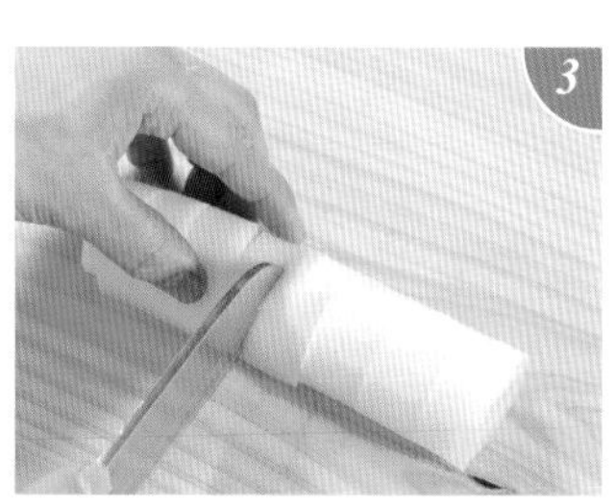

旋轉180度，依下圖的方式，在②的刀口之間畫刀口。

將切完刀口的白蘿蔔攤開，只要往兩邊拉長，就是網子的圖案。

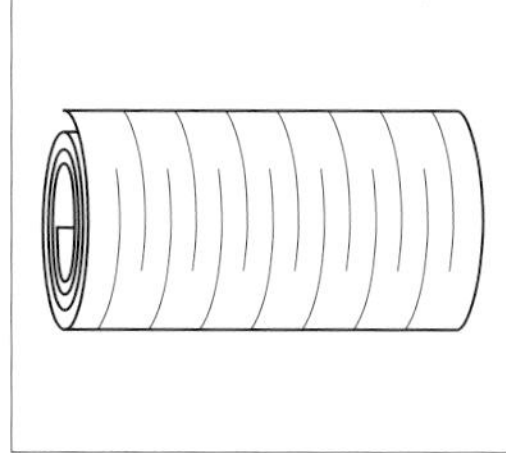

從另一邊交互地畫出深度達一半的刀。

菊花（白蘿蔔）

這是一種使生魚片拼盤更華麗的裝飾切法。如果再附上插花用的菊葉，效果更佳。

將長20cm的桂剝切法白蘿蔔對折，小心不要折斷。從折起來的那一側，以2~3mm寬的間距畫刀口，另一邊留下5mm左右不要切。

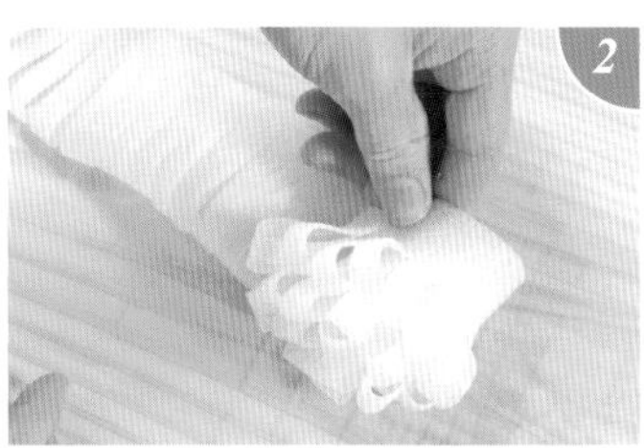

畫完刀口後，捲成圓形，將花瓣部分張開。

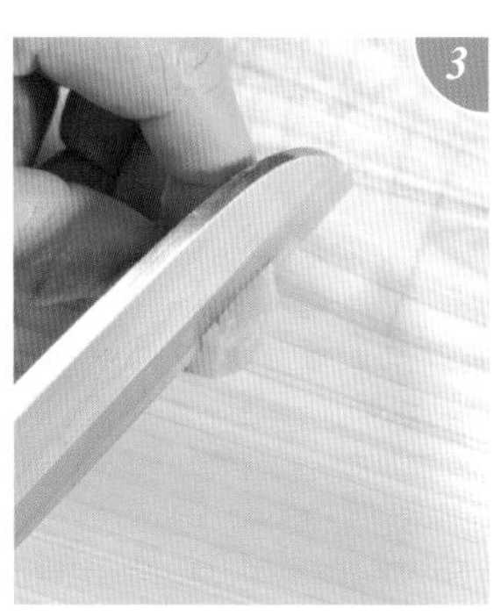

將切成小圓柱狀的紅蘿蔔上，切出細小的十字形切口即為花芯，放在花朵中央。

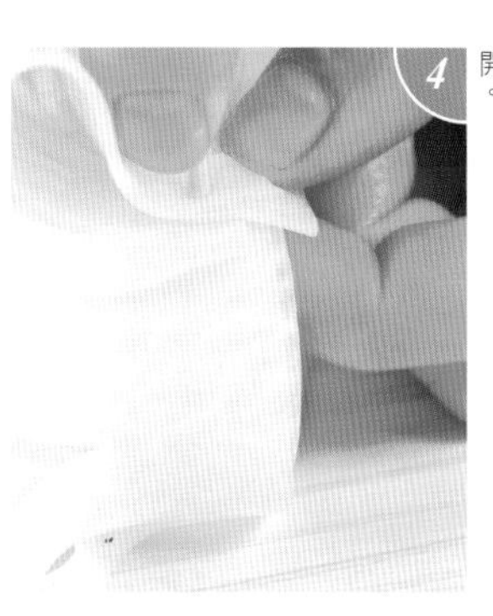

捲完之後，用牙籤刺入下方固定，避免鬆開。

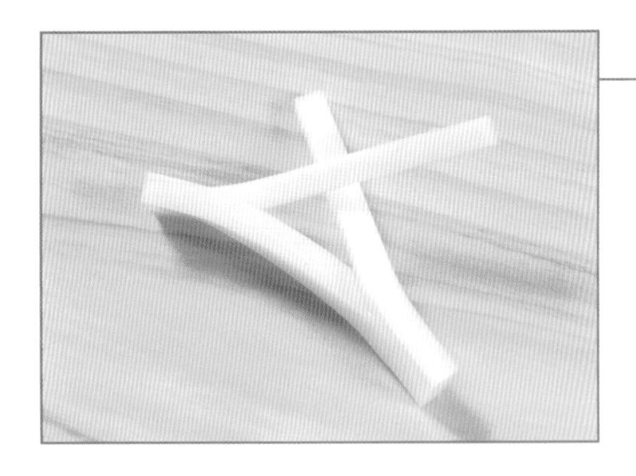

◆ 松葉（土當歸）◆

可以放在湯裡，也可以搭配生魚片。除了土當歸之外，這種裝飾切法也可以用於柚子等等食材。土當歸的澀液特別容易使附近的食材變色，請先浸泡於醋水中。

1 將土當歸切成適當的長度，削去一層厚皮，以免筋殘留其中，切成2mm寬的短條狀。

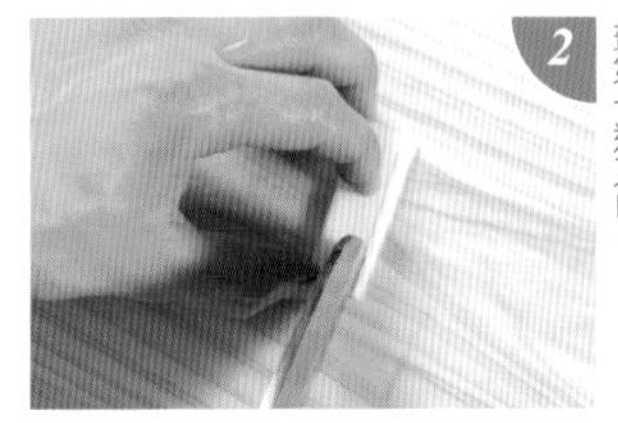

2 留下前方小部分不要切，畫第一道刀口。

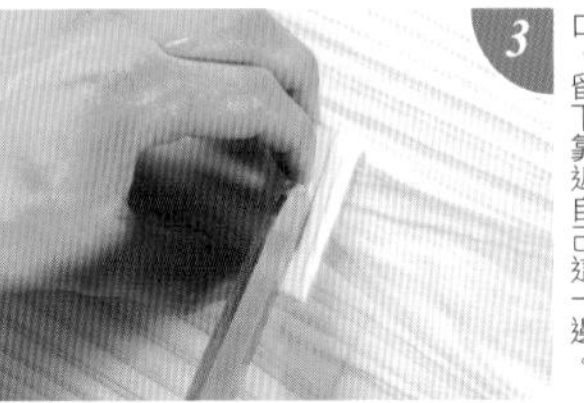

3 接下來從另一面畫第二刀口，留下靠近自己這一邊。

4 將邊緣切下，整理形狀。

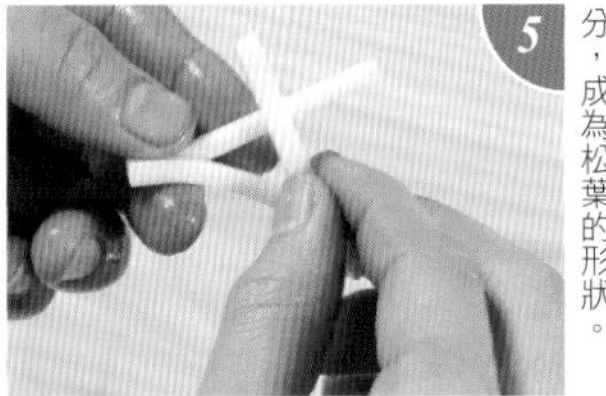

5 扭轉刀口，勾住腳的部分，成為松葉的形狀。

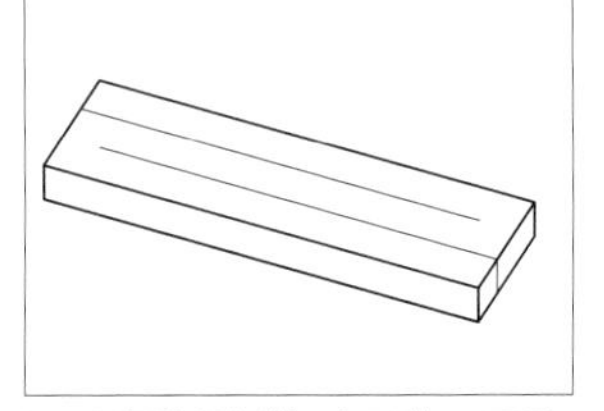

刀口不要全部切斷，留下數mm不要切，交互下刀。

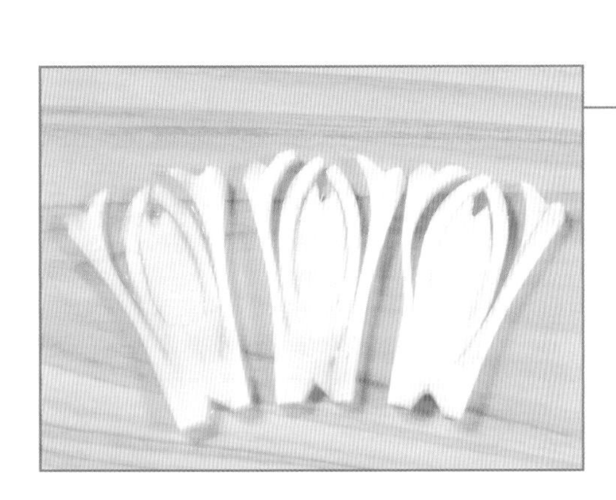

◆ 菖蒲（土當歸）◆

這是初夏時分，讓人感到梅雨季節的裝飾切法。用於醋漬物或搭配前菜。刀口看起來相當複雜，習慣後其實一點也不難。

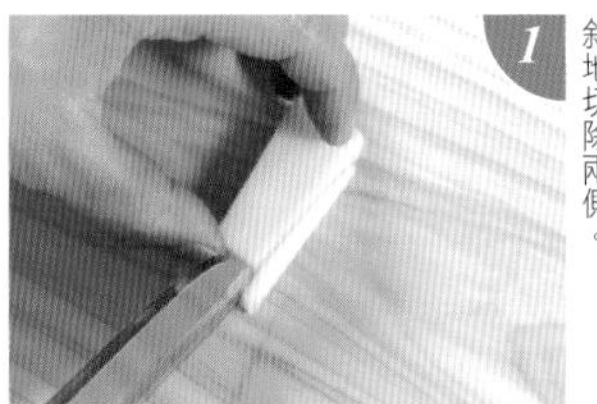

1 將土當歸切成短條狀，斜斜地切除兩側。

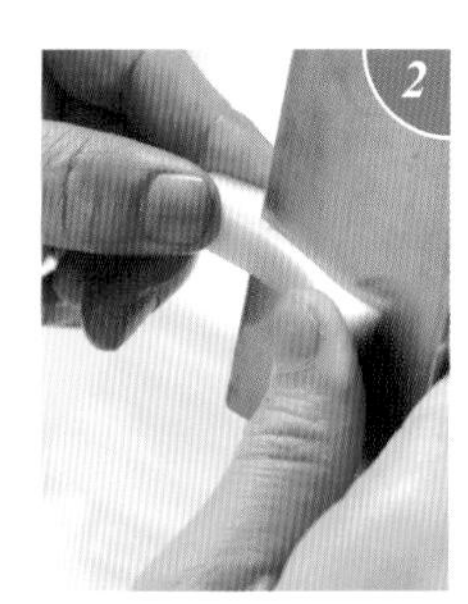

2 從上方中央開始描繪圓弧，在內側畫第一道切穿雙面的切口。

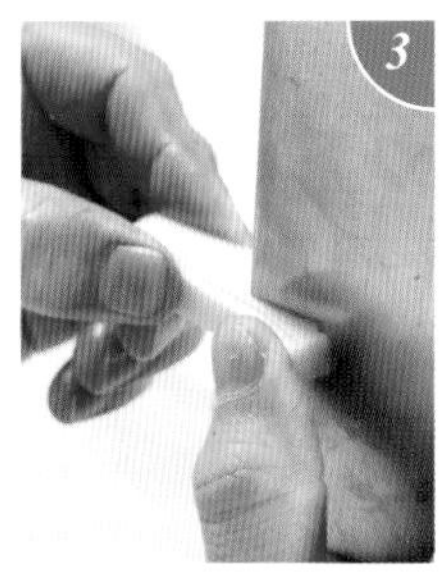

3 在它的內側以畫圓的方式，切第二道，同樣要切穿。

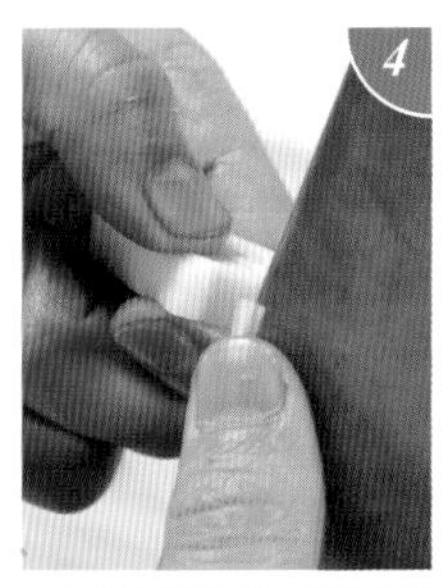

4 在上方兩側畫2道V字形的刀口。

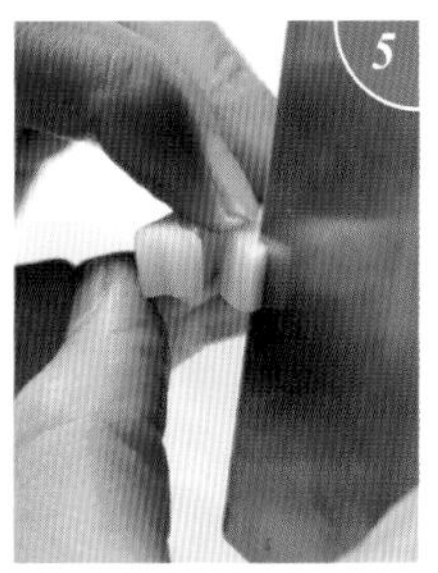

5 正中央的部分也畫V字形刀口，最後在下方中央也畫V字形刀口。

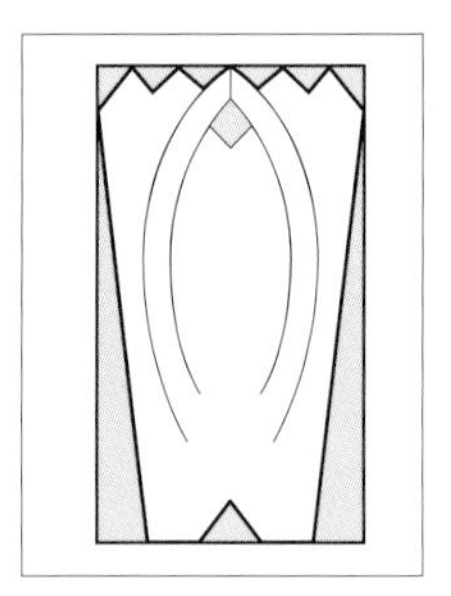

如圖示的線條畫刀口，切除切線部分。最後切成薄片，泡水，使花朵綻放。

蝴蝶（黑皮南瓜）

常用來點綴前菜、生魚片、燒烤……等各式料理。重點在於能否呈現蝴蝶停留的風情。

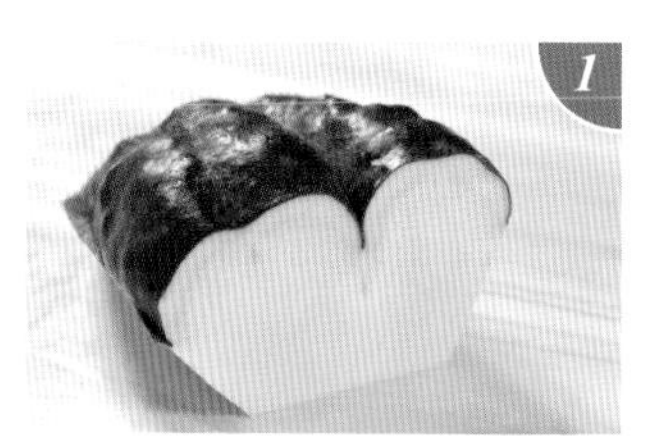

將南瓜連皮切到節的地方，做為底座。

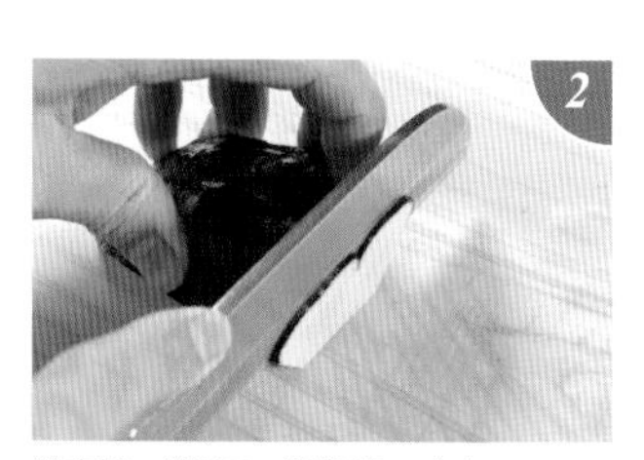

從皮切一道刀口，深度達2/3左右。

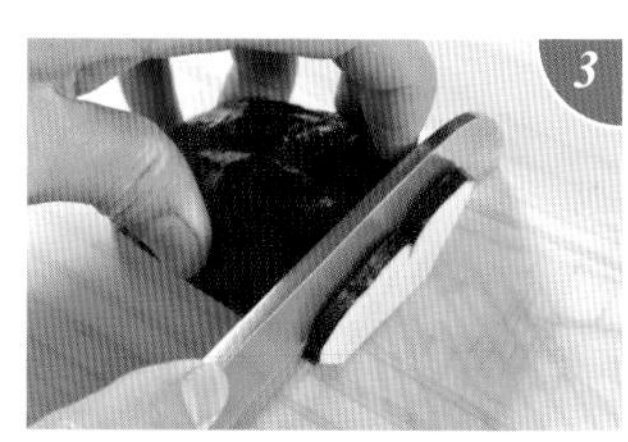

將菜刀往左移動，從上往下切斷。

將切下來的面朝上放好，從黑皮處畫一道刀口，深達2/3。

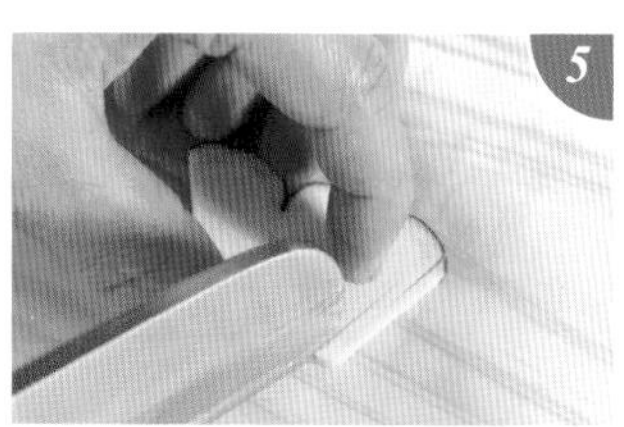

將菜刀往左邊移動，從底部開始畫刀口，留下上方1/3。

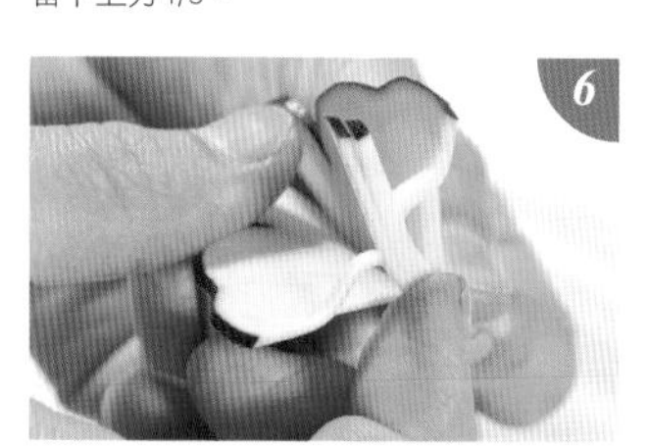

將2片重疊在一起，攤開切口，輕壓中央的身體部分，夾在一起。

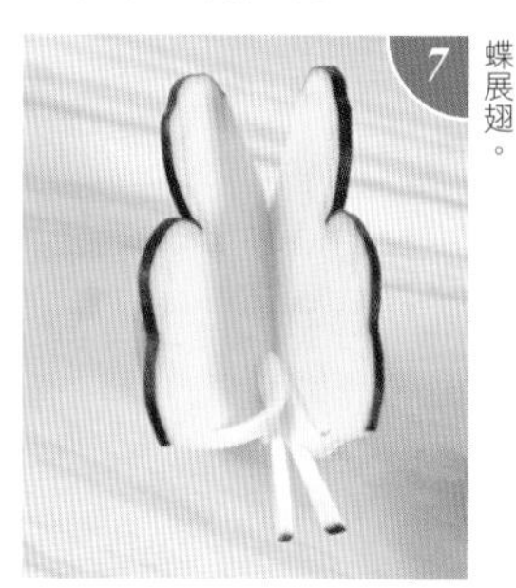

攤開的2片即為翅膀，中央突出的切口部分則為觸角，外形看起來有如蝴蝶展翅。

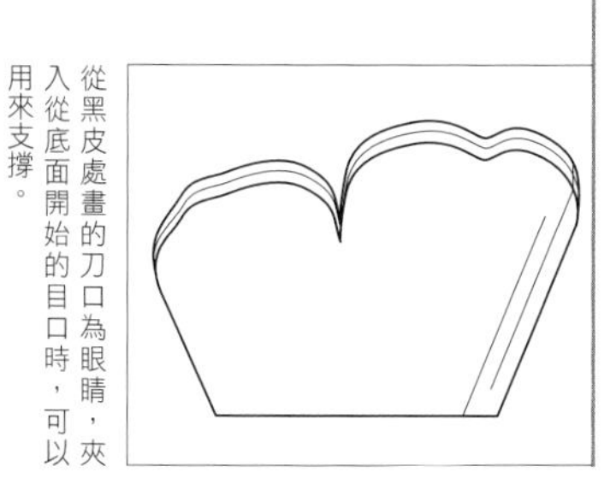

從黑皮處畫的刀口為眼睛，夾入從底面開始的目口時，可以用來支撐。

鈴蟲（小黃瓜）

這是令人感到秋天情趣的代表性裝飾切法。請準備小黃瓜和茶筅的竹枝。彷彿即將跳起的躍動感，將會吸引客人的目光。

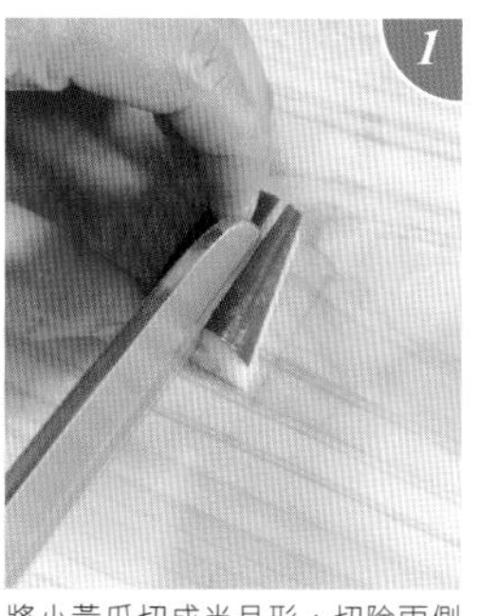

將小黃瓜切成半月形，切除兩側成為三角形。

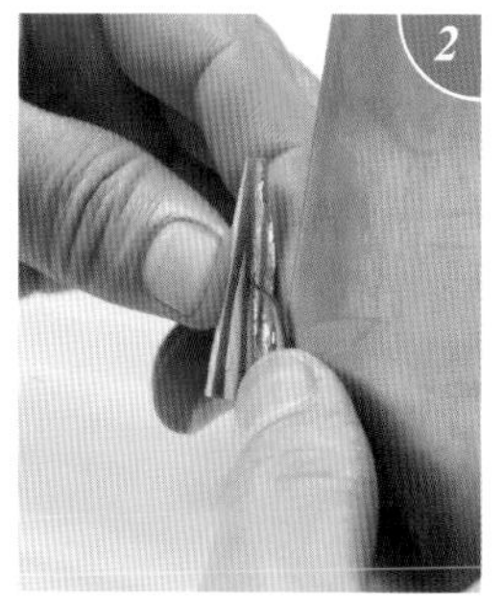

以刀顎畫刀口，切出兩道溝。

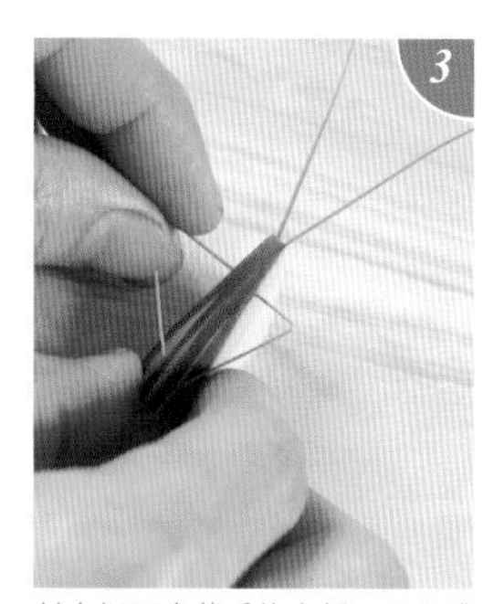

斜向切下小黃瓜的底部，呈現跳躍的形態。用茶筅的竹枝裝上觸角與腳。

◆ 青蛙（小黃瓜）◆

看起來就像是要跳起來的青蛙，可以隨前菜或生魚片一起送上，將會收到客人驚嘆之聲，也會為用餐時帶來樂趣。只要使用壓型器，即可簡單製作完成。

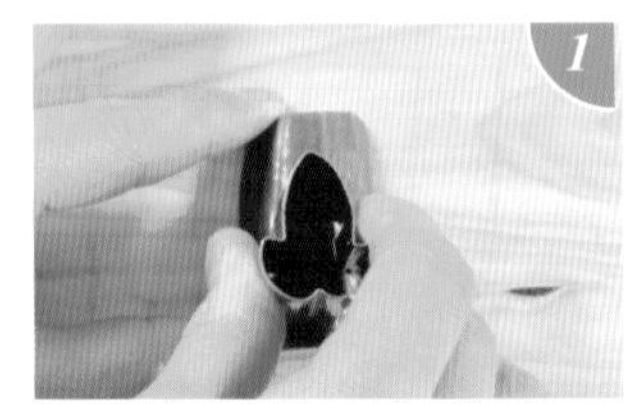

1 準備切成半月形的小黃瓜，以青蛙形的壓型器切出外形。

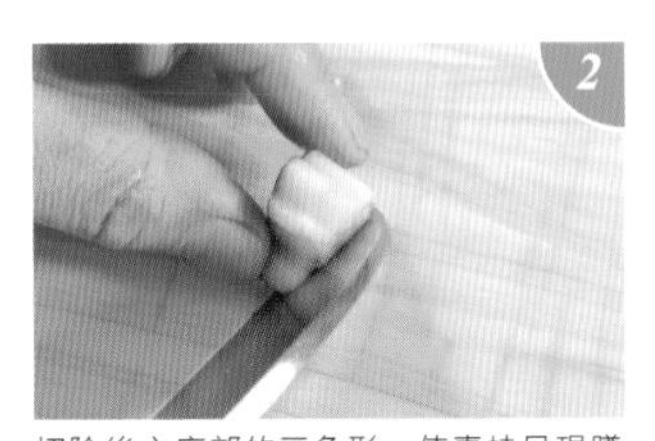

2 切除後方底部的三角形，使青蛙呈現蹲踞的形狀。

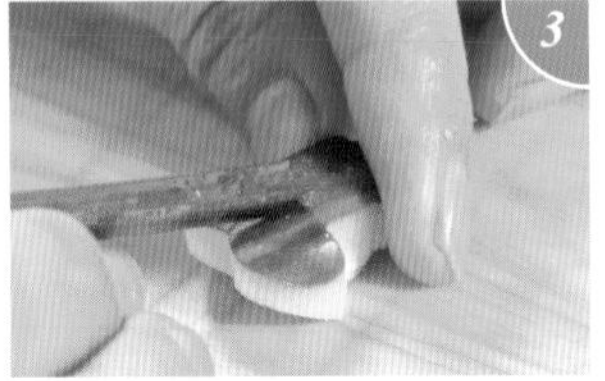

3 用細雕刻刀削去表皮，加入腳與背的線條。

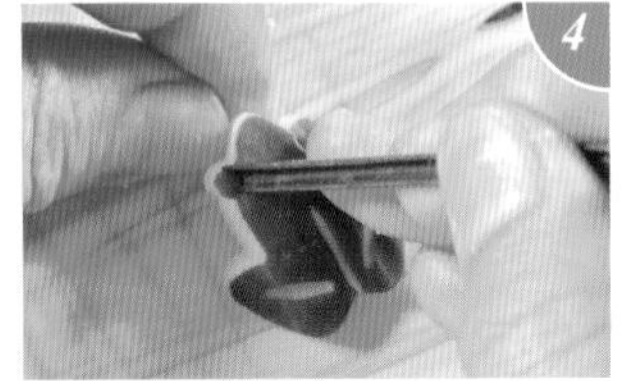

4 同樣用雕刻刀畫出眼睛的線條，完成了。

◆ 風鈴（酸桔）◆

以酸桔、紅蘿蔔與白蘿蔔製成，充滿季節感的夏季裝飾切法。只要利用前菜呈現清涼的風趣，可以讓料理的評價更上層樓。

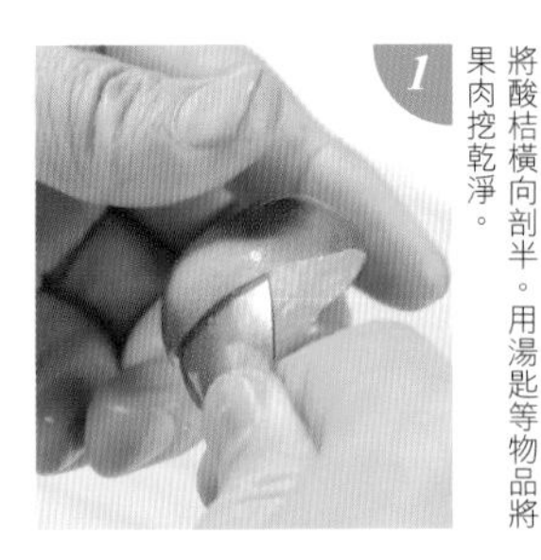

1 將酸桔橫向剖半。用湯匙等物品將果肉挖乾淨。

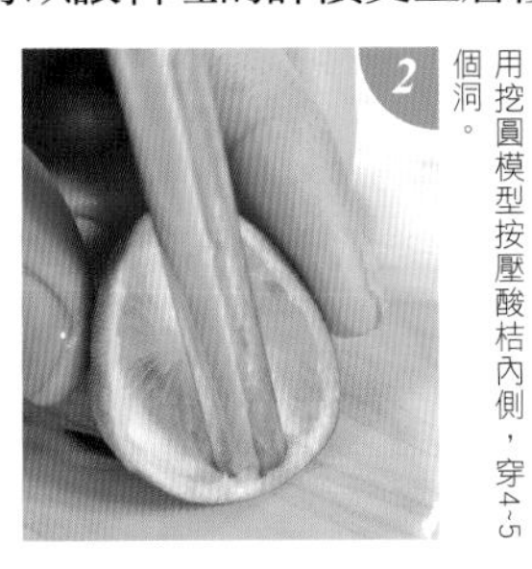

2 用挖圓模型按壓酸桔內側，穿4-5個洞。

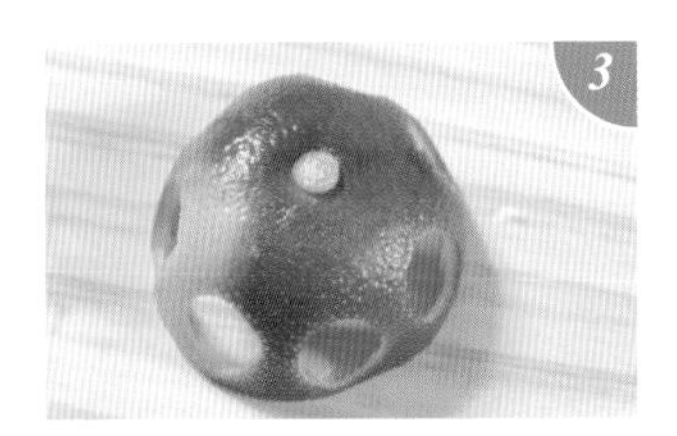

3 從上面看打洞後的酸桔。

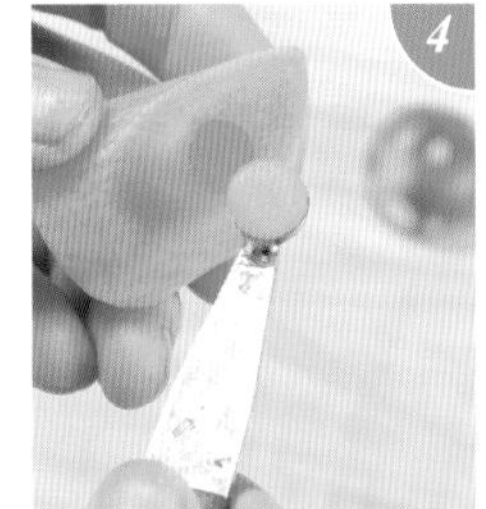

4 用水果刀的刀尖挖出圓形，製作風鈴的鈴鐺部分。

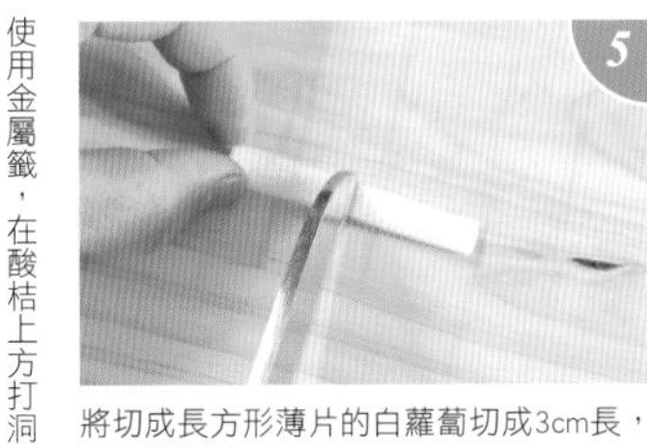

5 將切成長方形薄片的白蘿蔔切成3cm長，切成短條狀。

6 使用金屬籤，在酸桔上方打洞，穿一條線。

7 紅蘿蔔鈴鐺也要打洞穿線。最後在短條的上方穿洞，穿線後打結，調整吊掛風鈴的長度。

◆ 冬瓜雕飾 ◆

冬瓜這類大型蔬菜或水果，可以用雕刻刀將客人的名字刻在上面，充當器皿，用於慶賀的宴席。絕對會成為一道令人難忘的料理。

日本刀工技術
初級檢定問題

日本刀工技術
初級檢定問題

正確答案請見88～93頁。

問題 1

下列哪一種是日式菜刀的形狀（不含部分特殊菜刀）？

A　單刃　　B　雙刃　　C　薄刃

答案

問題 2

請寫出日式菜刀各部位的名稱。

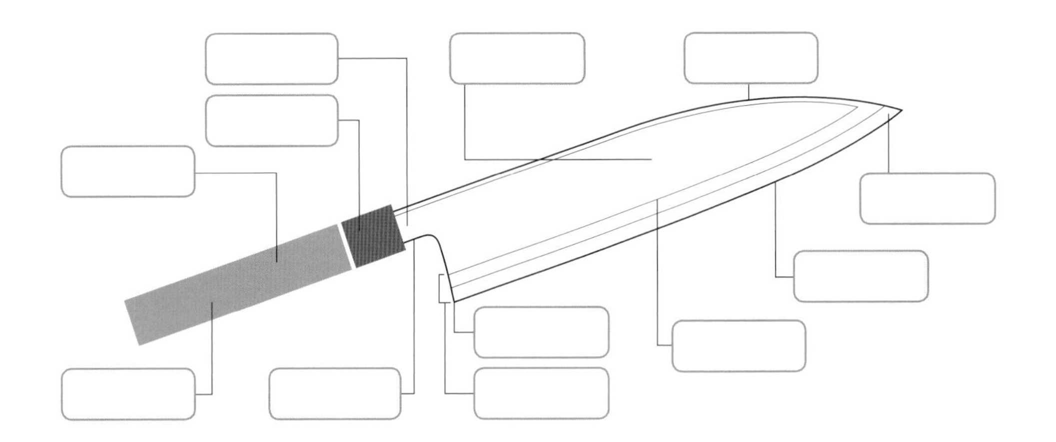

問題 3

處理蔬菜時少不了「薄刃切刀」。
請問下列哪一種是其刀刃形狀的特徵呢？

A　從刀顎到刀尖幾乎為一直線
B　從刀顎到刀尖呈現和緩的曲線
C　從刀顎到刀尖處呈凹凸不平的鋸齒狀

答案

問題 4

「出刃切刀」可以用於處理所有魚類。
請問下列哪一種是其刀刃形狀的特徵呢？

A　從刀顎到刀尖幾乎為一直線
B　從刀刃中央部分附近到刀尖呈現和緩的曲線
C　從刀顎到刀尖，呈現「弧度」

答案

問題 5

「柳刃切刀」原本是關西地方用來切生魚片的刀子。
請問下列哪一種是其刀刃形狀的特徵呢？

A　從刀顎到刀尖幾乎為一直線
B　從刀顎到刀尖呈現和緩的曲線
C　從刀刃中央部分附近到刀尖呈現「弧度」

答案

問題 6

下列哪一種是傳統日式菜刀「純鋼菜刀」的材質呢？

A　鐵與鋼
B　鋼
C　不鏽鋼

答案

問題 7

研磨菜刀時，必須使用磨刀石，當刀刃缺損時，請問應該使用哪一種磨刀石呢？

A　成品磨刀石　　B　粗面磨刀石　　C　中粗面磨刀石

答案

問題 8

「三片切法」是下列哪一種片魚方法呢？

A　分成頭、內臟與肉身等三種的切法
B　分成上身、下身、中骨三片的切法
C　將魚的身體切成三塊的切法

答案

問題 9

削除比目魚的魚鱗時，必須使用菜刀。請問應該使用下列哪一種菜刀呢？

A　出刃切刀　　B　薄刃切刀　　C　生魚片切刀

答案

問題 10

用出刃切刀將螃蟹腳切斷的時候，應該使用菜刀哪一個部分呢？

A　刀尖　　B　刀背　　C　刀顎

答案

問題 11

將魚頭或龍蝦等食材縱切成兩半的切法稱為什麼呢？

A　梨割法　　B　縱割法　　C　兩割法

答案

問題 12

下列哪一種是拉刀切法的菜刀基本操作方法？

A　拉刀時菜刀與砧板垂直，使用從刀顎到刀尖的整個刀身
B　拉刀時菜刀與砧板垂直，用刀尖切
C　拉刀時菜刀與砧板呈斜角，使用從刀顎到刀尖的整個刀身

答案 ＿＿＿＿

問題 13

下列哪一種是削切法的菜刀基本操作方法？

A　魚皮面朝上，菜刀呈斜向下刀，從左邊開始切起，切完的時候菜刀呈斜傾狀
B　魚皮面朝下，菜刀呈斜向下刀，從左邊開始切起，切完的時候將菜刀刀刃豎起來
C　魚皮面朝下，菜刀呈斜向下刀，從左邊開始切起，切完的時候菜刀呈斜傾狀

答案 ＿＿＿＿

問題 14

切生魚片的手法中，畫格子狀切口的切法是哪一種呢？

A　方格切法　　B　格子切法　　C　博多式切法

答案 ＿＿＿＿

問題 15

切生魚片的手法中，先畫一道刀口，再切的切法是哪一種呢？

A　八重切法　　B　市松切法　　C　鑲入切法

答案 ＿＿＿＿

問題 16

鰹魚最常用的片魚法，是將上身與下身分成腹部與背部，請問這種片魚法是什麼呢？

A　長條狀切法　　B　節切法　　C　松葉切法

答案 ＿＿＿＿

問題 17

鰈魚的片魚法通常稱為什麼呢？

A　三片切法　　B　大名切法　　C　五片切法

答案 ＿＿＿＿

問題 18 請寫出魚各部位的名稱。

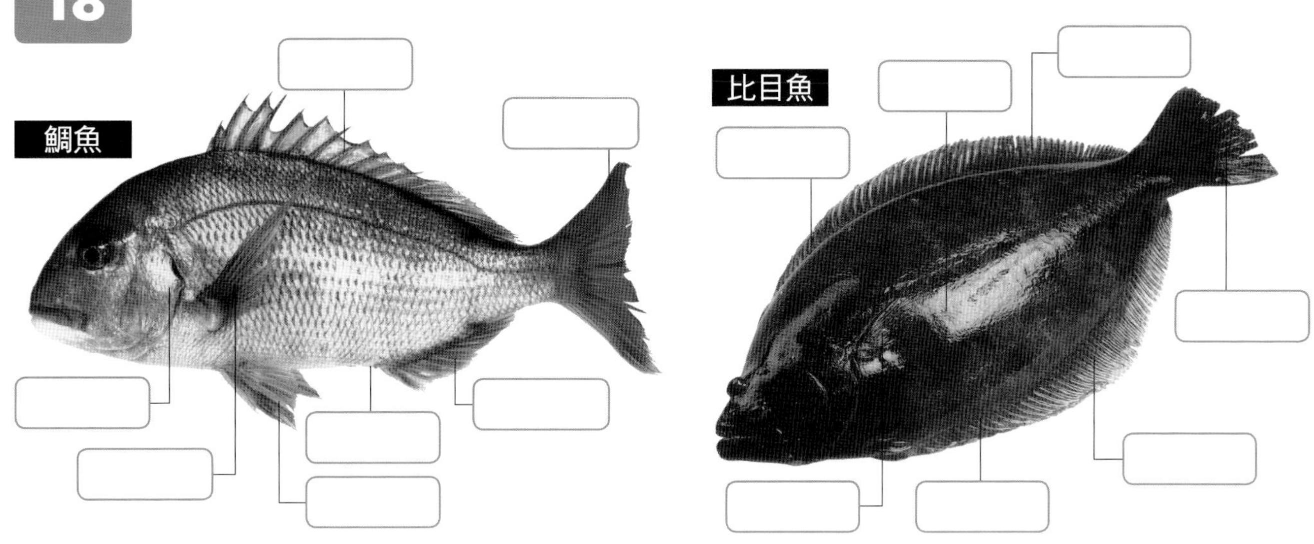

問題 19 「切骨」是為了讓海鰻或過魚方便食用，請問下列哪一種是切骨的菜刀操作方法呢？

A 將切骨刀稍微往左邊倒，切碎時以往前壓之後彈起來的動作，感覺只要留下一張魚皮
B 切骨刀永遠與砧板保持垂直，以敲打骨頭的方式，連皮一起切碎
C 將切骨刀稍微往右邊倒，用朝自己方向拉的方式切碎，感覺只要留下一張魚皮

答案

問題 20 鯛魚或過魚等魚類的魚皮也很好吃，堅硬的魚可以使用「皮霜切法」。下列哪一種是正確的皮霜切法呢？

A 在工作台舖漂白布，將片好的魚肉魚皮朝上，置於其上，澆淋熱水，再浸泡冰水
B 將片好的魚肉魚皮朝上放好，蓋上漂白布，澆淋熱水，再浸泡冰水
C 將片好的魚肉魚皮朝上放好，蓋上大小適中的笊籬，澆淋熱水，再浸泡冰水

答案

問題 21 想讓材料更容易入味，看起來更華麗的時候，
用菜刀在盛盤時的正面下刀的方法稱為什麼呢？

A　深切　　B　淺切　　C　化妝切　　答案

問題 22 食材的盛產期稱為什麼呢？此外，盛產期前的時期，盛產期後的時期又各自稱為什麼呢？

答案　[盛產期]　　[盛產期前]　　[盛產期後]

問題 23 從以下的蔬菜中，各選出3個盛產期為夏季與冬季的種類。

A　南瓜　　B　菠菜　　C　冬瓜　　D　土當歸　　E　竹筍
F　小黃瓜　　G　地瓜　　H　百合根　　I　白蘿蔔　　J　款冬

答案　[夏季]　　[冬季]

問題 24 從下列魚貝類之中，各選出3個盛產期為夏季與冬季的種類。

A　真竹筴魚　　B　青魽　　C　比目魚　　D　毛蟹
E　鯖魚　　F　真鎖管　　G　松葉蟹　　H　秋刀魚

答案　[夏季]　　[冬季]

問題 25 虎魚某些部位有毒，片魚的時候一定要先去除有毒的部分，請問哪是什麼部位呢？

A　尾鰭　　B　背鰭　　C　腹鰭　　答案

問題 26 搭配生魚片的一種食材，將桂剝切法後的蔬菜，從纖維的直角下刀，破壞纖維的切法稱為什麼呢？

A　滾刀切法　　B　縱切絲法　　C　橫切絲法　　答案

問題 27 用薄刃切刀切蔬菜時，下列哪一種是基本的切法呢？

A　拉刀切法　　B　壓切法　　C斜切法

答案

問題 28 為什麼蔬菜要削薄邊角呢？

A　為了加強口感
B　為了減少浪費
C　為了防止燉煮時變形

答案

問題 29 土當歸削皮之後，為什麼要浸泡醋水呢？

A　為了加強口感
B　為了防止變色
C　為了改變外觀

答案

問題 30 請寫出下列蔬菜的切法。

答案　　答案　　答案

問題 31 請寫出下列蔬菜的裝飾切法名稱。

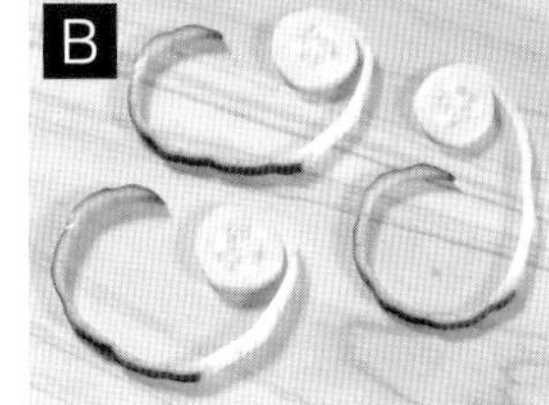

答案　　答案　　答案　　答案

日本刀工技術初級檢定問題 解答與解說

問題 1 正確解答

參閱 第10頁

A 單刃的特性在於刀鋒銳利、好切。西式菜刀與中式菜刀是雙刃刀。

問題 2 正確解答

參閱 第14頁

這些都是基本名稱，請大家好好記住。

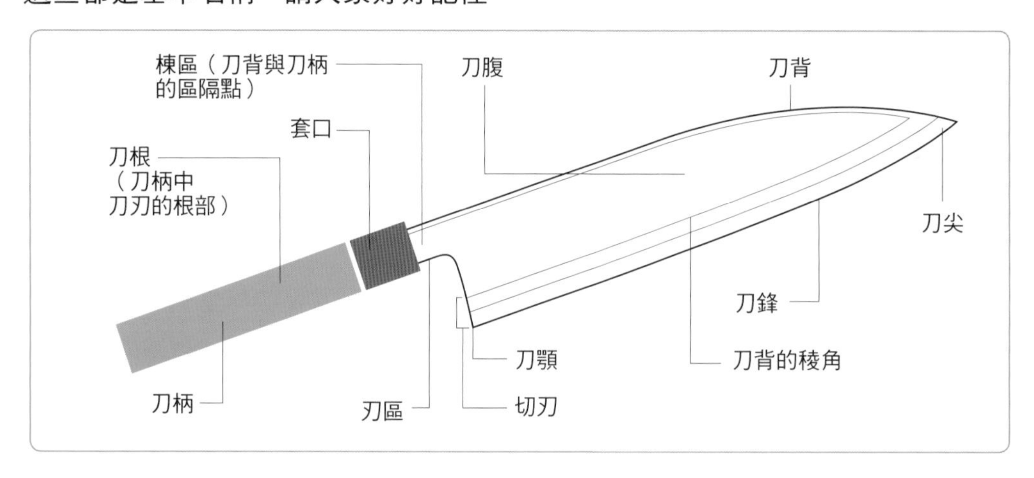

問題 3 正確解答

參閱 第12頁

A 從刀顎到刀尖幾乎為一直線，所以刀刃對砧板可以均等施力。

問題 4 正確解答

參閱 第10頁

C 出刃切刀的有弧度，所以刀刃是凸出的。
刀刃有厚度是它的特徵。

問題 5 正確解答

參閱 第11頁

B 它的特徵是刀身較長，呈細長狀，從銳利的刀尖到刀顎有如柳葉一般，呈現和緩的曲線。

問題 6

正確解答

參閱 第17頁

B

鋼
用鐵和鋼貼合而成的是「包鋼菜刀」。
不易生鏽的不鏽鋼菜刀比較常見於西式菜刀。

問題 7

正確解答

參閱 第18頁

B

研磨菜刀可以說是料理師傅的基本工作。最好能夠準備粗面磨刀石、中粗面磨刀石、成品磨刀石等3種不同的磨刀石。

問題 8

正確解答

參閱 第28頁

B

三片切法可以說是基本的片魚法。
幾乎大部份的魚都可以用這種片魚法。

問題 9

正確解答

參閱 第34頁

C

比目魚一般都採用五片切法。由於它的鱗片重疊在一起，所以不用除鱗器，大部分使用生魚片切刀削除。

問題 10

正確解答

參閱 第48頁

C

出刃切刀本身就有重量，可以利用它的重量斬斷魚骨，或是切碎螃蟹的外殼。

問題 11

正確解答

參閱 第29頁

A

使用出刃切刀，用毛巾等物品覆蓋頭部後，再按壓切下。
如果刀刃滑開非常危險，請多加注意。

問題 12

正確解答

參閱 第52頁

A

這是生魚片的基本切法。切片的時候，請充分利用生魚片菜刀的刀身長度。

問題 13

正確解答

參閱 第52頁

B

從左邊開始切的是「削切法」。不用菜刀推已經切下來的生魚片，而是用左手捏起來，將菜刀的刀刃立起後切斷。

問題 14

正確解答

參閱 第53頁

B

切出格子狀的刀口之後，比較方便食用，醬油也容易入味。所謂的「博多式切法」，是將 2 種以上，顏色不同的食材交互重疊後，切成生魚片。

問題 15

正確解答

參閱 第57頁

A

這是用來切厚片生魚片的手法。方便食用，醬油也容易入味。

問題 16

正確解答

參閱 第36頁

B

鰹魚等類體積比較龐大的魚類，用三片切法並不方便處理，因此以上身和下身的血合肉為界，直向對半剖開。

問題 17

正確解答

參閱 第34頁

C

這是分成上身腹部與背部、下身腹部與背部、中骨等五片的切法。

問題 18 正確解答

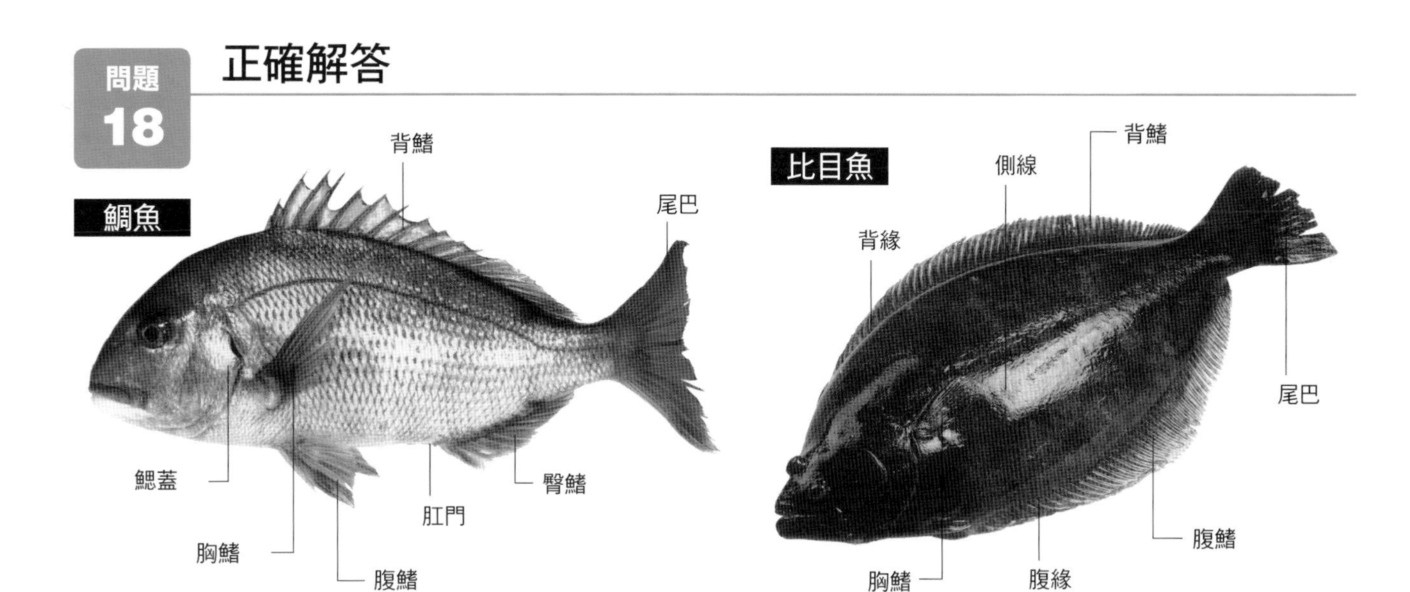

問題 19 正確解答

參閱 第43頁

A

切骨刀是單刃刀，所以最好稍微傾斜菜刀。
據說最理想的切法是一寸切22～24個刀口。

問題 20 正確解答

參閱 第53頁

B

在魚皮澆淋熱水時，需慢慢進行。等到魚皮整個捲縮後，再放在冰水中冷卻。

問題 21 正確解答

參閱 第62頁

B

「深切」的意義也差不多，這是於盛盤時的背面下刀的說法。

問題 22 正確解答

[盛產期]： 旬（Shun） [盛產期前]： 走（Hashiri）

[盛產期後]： 名殘（Nagori）

（譯注：此為日本料理的說法）

問題 23

正確解答

[夏季] A C F [冬季] B H I

問題 24

正確解答

[夏季] A D F [冬季] B C G

問題 25

正確解答

參閱 第39頁

B

處理虎魚時，可以抓住頭的側面，或是將手指放入魚的嘴裡再抓住，注意不要被背鰭上的刺所刺傷。

問題 26

正確解答

參閱 第66頁

C

「橫切絲法」將會破壞纖維，容易捲成一團。
相反地，與纖維平行的切法為「縱切絲法」。

問題 27

正確解答

參閱 第16頁

B

基本上是利用菜刀本身的重量，將刀刃往前壓切的方法。

問題 28

正確解答

參閱 第68頁

C

削薄邊角是沿著蔬菜的角度下刀，切除一小部分。

問題 29

正確解答

B

土當歸一旦接觸空氣就會變色，所以要浸泡醋水防止變色。
牛蒡或蓮藕切完後，只要浸泡醋水也不會變色。

問題 30

正確解答

參閱 第66～69頁

塊狀切法

六角形切法

扇子切法

切蔬菜的時候，基本上使用薄刃切刀。

問題 31

正確解答

參閱 第70～80頁

螺旋梅花切法（螺旋梅）

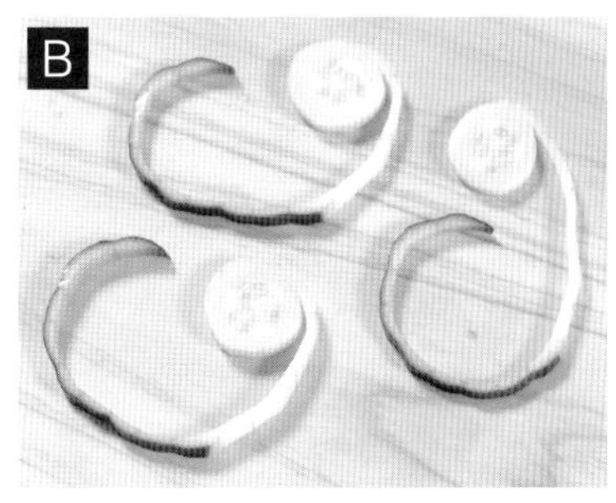

水珠（小黃瓜）

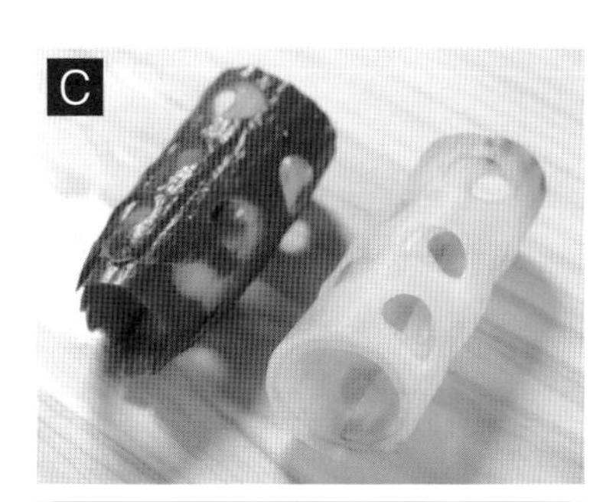

蛇籠（小黃瓜）

茶筅（茄子）

裝飾切法可以讓料理更加美觀，也可以提高商品價值。

■監修者介紹
大田忠道（おおた　ただみち）

1945年生於兵庫縣。「百萬一心味 全國天地之會」會長。兼任兵庫縣日本調理技能士會長、神戸Meister、日本調理師聯合會有馬分部長、日本調理師會副會長等等多項公職。2004年榮獲日本最高榮譽『黃綬褒章』。目前在兵庫縣有馬溫泉經營「四季の彩　旅篭」、「天地の宿　奥の細道」、「ご馳走塾　関所」。並擔任全國旅館、飯店料理的顧問工作。

繁忙之餘，另主持「大田料理道場」。設置「主廚課程」，培育專業廚師、主廚，並將人材推薦到各大旅館或飯店。著作包括「配合高湯的調味料方便手冊」、「四季生魚片料理」、「人氣便當料理」、「人氣小缽料理」、「四季居酒屋料理」、「人氣前菜 冷盤」、「最新小型宴會料理 節慶料理」、「用簡單的高湯製作美味和食的方法」。

■料理協力
日本料理　全國天地之會

井上明彥
兵庫縣湯村溫泉
「佳泉郷　井づつや」主廚

柏木直樹
兵庫縣西宮市
兵庫營養調理製菓專門學校 助理教授

唐田一司
石川縣片山津溫泉
湯快リゾート「癒しの宿　まるや」總廚

森枝弘好
和歌山縣南紀白濱溫泉
湯快リゾート「白浜御苑」總廚

隅本辰利
福島縣穴原溫泉
「匠のこころ　吉川屋」主廚

矢野宗幸
群馬縣草津溫泉
「ホテル櫻井」主廚

足立祐輔
長野縣開田高原
「つたや季の宿　風里」主廚

田中俊行
石川縣山代溫泉
「彩華の宿　多々見」主廚

今井　學
鳥取縣三朝溫泉
「花屋別館」主廚

秋山高茂
鳥取縣三朝溫泉
「三朝館」主廚

日種振一郎
島根縣玉造溫泉
「曲水の庭　ホテル玉泉」主廚

元宗邦弘
岡山縣湯郷溫泉
「清次郎の湯　ゆのごう館」主廚

梶本剛史
山口縣湯田湯泉
「松田屋ホテル」主廚

山本真也
大分縣湯布院
「ゆふいん山水館」總廚

武田利史
香川縣琴平町
「湯元こんぴら溫泉 華の湯 紅梅亭」主廚

山口和孝
香川縣琴平町
「湯元こんぴら溫泉 華の湯 櫻の抄」主廚

坂本貞夫
兵庫縣淡路島
「かんぽの宿　淡路島」主廚

松本真治
兵庫縣有馬溫泉
「かんぽの宿　有馬十字路」主廚

中島勇
兵庫縣有馬溫泉
「竹取亭　円山」主廚

中村博幸
兵庫縣西宮市
「味の坊」主廚

武本　元秀
京都府天の橋立
「松露亭」主廚

松井安一
青森縣鰺ヶ沢
「グランメール山海」主廚

西森徹二
福島縣いわき市
「パレスいわや」和食主廚

山岡孝行
山口縣湯田溫泉
「西の雅 常盤」主廚

藤井修一
北海道定山溪溫泉
「章月グランドホテル」主廚

■特別協力　　つば屋庖丁店

TITLE

日本料理職人刀工技術教本

STAFF

出版　瑞昇文化事業股份有限公司
編著　大田忠道
譯者　侯詠馨

總編輯　郭湘齡
文字編輯　王瓊苹　林修敏　黃雅琳
美術編輯　李宜靜
排版　菩薩蠻電腦科技有限公司
製版　明宏彩色照相製版股份有限公司
印刷　桂林彩色印刷股份有限公司
法律顧問　經兆國際法律事務所　黃沛聲律師

戶名　瑞昇文化事業股份有限公司
劃撥帳號　19598343
地址　新北市中和區景平路464巷2弄1-4號
電話　(02)2945-3191
傳真　(02)2945-3190
網址　www.rising-books.com.tw
Mail　resing@ms34.hinet.net

本版日期　2014年11月
定價　350元

國家圖書館出版品預行編目資料

日本料理職人刀工技術教本／
大田忠道監修；侯詠馨譯.
-- 初版. -- 台北縣中和市：瑞昇文化，2009.05
96面；21×25.7公分

ISBN 978-957-526-847-3 (平裝附光碟片)

1.烹飪　2.食譜　3.日本

427.131　98006494

KENTEI WASHOKU CHOURI NO HOUCHOU GIJUTSU

Originally published in Japan in 2008 by ASAHIYA SHUPPAN CO., LTD..
Chinese translation rights arranged through DAIKOUSHA INC., KAWAGOE.